贵金属二次资源富集与提取技术

范兴祥　李　琰　付光强　著

科学出版社

北京

内 容 简 介

　　本书是一部以介绍贵金属二次资源富集与提取技术为主的技术专著,重点介绍贵金属二次资源富集与提取技术进展,汽车尾气净化、石化、医药等领域失效贵金属催化剂全湿法富集与提取技术,失效铂族金属催化剂火湿法提取技术,还原-磨选新技术富集贵金属二次资源的应用。

　　本书可供冶金工程、材料科学与工程、矿物加工工程等相关专业的高等院校师生使用,也可作为固废二次资源综合利用科研人员、管理人员的参考书。

图书在版编目(CIP)数据

贵金属二次资源富集与提取技术 / 范兴祥,李琰,付光强著. —北京:科学出版社,2024.3

ISBN 978-7-03-078098-0

Ⅰ.①贵… Ⅱ.①范… ②李… ③付… Ⅲ.①贵金属－资源管理－研究 Ⅳ.①TG146.3

中国国家版本馆 CIP 数据核字(2024)第 042426 号

责任编辑:叶苏苏　程雷星 / 责任校对:杨　赛
责任印制:罗　科 / 封面设计:义和文创

科 学 出 版 社 出版
北京东黄城根北街 16 号
邮政编码:100717
http://www.sciencep.com

四川煤田地质制图印务有限责任公司印刷
科学出版社发行　各地新华书店经销

*

2024 年 3 月第 一 版　开本:787×1092　1/16
2024 年 3 月第一次印刷　印张:13 3/4
字数:335 000

定价:179.00 元
(如有印装质量问题,我社负责调换)

前　　言

　　贵金属指金、银、铂、钯、铑、铱、锇、钌八种元素，在元素周期表上位于第五、第六周期。除金、银以外，其他六种金属性质十分相近，统称铂族金属，已成为各国重要的战略储备资源。贵金属在地壳中含量甚少（Ag 0.1g/t，Pd 0.01g/t，Pt、Au 0.005g/t，Rh、Ir、Os、Ru 0.001g/t），而且很分散，在矿石中品位低、成分复杂，因而提取工艺复杂、成本高，致使价格昂贵。贵金属由于具有独特的物理、化学性质，可用作电子、电工、仪表材料、感光材料、催化剂等，广泛应用于航空航天、计算机、照相器材、汽车、石油化工等现代科技、军工、工业领域中，有重要的和不可替代的作用，且消耗量越来越大。贵金属资源稀少、价格比较昂贵，其中，贵金属产品生产和使用后的废料所含贵金属的含量较高、价值高，因此也被称为贵金属二次资源。

　　我国金、银资源虽较丰富，但铂族金属极其匮乏，我国的贵金属资源人均占有量低于世界人均占有量，特别是从原生矿生产铂族金属的量远远不能满足工业生产需求，主要依靠进口和二次资源回收。目前，我国已成为贵金属需求大国，供需矛盾十分突出。随着社会经济的快速发展，贵金属的使用量逐年大幅度增加，含贵金属的废料量也随之快速增加，每年产出大量的贵金属二次资源。二次资源与一次资源相比，其贵金属含量均较高、组成相对单一，处理工艺比较简单，加工成本较低。二次资源回收利用产生的"三废"（废水、废气、废渣）排放量远远少于原矿开采提取过程，且单纯的矿产资源开发已难以满足需求，所以世界各主要工业发达国家都比较重视贵金属二次资源的综合回收利用。因此，无论从资源持续性还是从环保的角度，贵金属二次资源的回收利用都具有极其重要的意义。

　　贵金属二次资源种类繁杂、形态各异，含量从万分之几到几乎纯净，差距极大。对于高含量贵金属二次资源，采用湿法直接提取；对于低含量贵金属二次资源，早期物料计价系数低，大部分贵金属企业也采用湿法提取，虽会产生大量废渣、废水且试剂消耗大，但有获利空间。随着工业领域环保整治，传统的湿法提取贵金属无技术和经济优势，贵金属企业转向火湿法处理贵金属二次资源，其中重要的技术路线就是先火法熔炼再湿法浸出富集贵金属。这就是作者研究近 15 年的贵金属二次资源富集与提取技术，倡导在处理贵金属二次资源过程中秉持最大限度减少"三废"排放和贵金属回收率高的绿色理念。

　　作者在研究贵金属二次资源富集及提取过程中，得到了昆明贵金属研究所、贵研铂业股份有限公司、昆明冶金高等专科学校、红河学院、昆明铂锐金属材料有限公司、云龙县铂翠贵金属科技有限公司等单位的支持，对此表示感谢。同时感谢昆明铂锐金属材料有限公司李琰董事长、云龙县铂翠贵金属科技有限公司蹇祝明董事长等在贵金属二次资源项目实施过程中给予的大力支持与帮助，感谢付光强出色地完成了国家重点基础研究发展计划（973 计划）子课题：铂族金属二次资源高效利用基础研究（课题编号：2012CB724201）；也要感谢昆明铂锐金属材料有限公司周天月主任对国家"科技助力经济 2020"重点专项"失效铂族金属催化剂高效绿色回收及其产品深加工技术"（SQ2020YFF0404678）实施的大力支持。

　　本书编写过程中，红河学院姜艳、孙丽达参加了第 4 章编写并给予了大力支持，李琰参与了第 3 章的编写并提供生产资料，付光强完成了第 5 章的编写，感谢红河学院化学与资源工程学院领导和同事的关心与支持。书中引用了大量国内外学者、同行的研究成果，在此表示衷心感谢，同时对未列出文献的作者，也表示深深的歉意。

　　由于本书内容属于选冶交叉学科，作者的知识结构和水平有限，书中疏漏之处在所难免，欢迎阅读本书的专家和读者批评指正。

范兴祥

2023 年 10 月 30 日

目　　录

第1章　贵金属二次资源概述

1.1　引　　言

贵金属包括金、银、铂、钯、铑、铱、锇、钌八种元素，其具有独特的物理性质和化学性质，具备很多较好的性能，如催化的活性高、抗高温氧化的性能良好、耐腐蚀性较强，还有熔点高、蒸汽压低、延展性好、热电稳定性高、易回收等优良性能，这些都是不易被其他金属所代替的。因此，随着科学技术的发展，铂族金属被广泛应用于石油、化工、国防科研等领域，在这些领域中发挥着重要的作用。其主要应用于汽车尾气催化净化，化学、石油工业用催化剂，铂饰品，测温元件，玻璃、玻纤工业用坩埚等[1]。

贵金属的生产过程，一般分为富集、分离和精炼三个阶段，富集和分离以品位很低的矿石或其他原料作为对象，通过选矿和冶金的方式分离大量的脉石及从非贵金属矿物中获得贵金属富集物或精矿；精炼包括贵金属富集物或精矿组分溶解，或者精矿分组溶解或者一次全部溶解，进一步分离杂质元素，利用各金属的性质进行粗分，各个粗金属精炼为纯金属[2]。

贵金属资源稀缺，且分布不均匀。据美国地质调查局统计，2018年全球铂族金属储量为6.9万t，其中99%以上集中在南非、赞比亚、俄罗斯、美国等[3, 4]，我国铂族金属矿产资源十分匮乏，储量仅约300t。贵金属因其独特的物理性质和化学性质，具有很多的优良性能，铂族金属广泛应用于石油、化工、国防科研等领域，其在这些领域中有着重要的作用。目前工业使用的载体催化剂，大量是以三氧化二铝作为载体的铂金属催化剂，催化剂在使用过程中会因中毒、积碳、载体结构变化、金属微晶聚集或流失等，导致催化活性逐渐降低，最终不能满足工艺需要而报废[5, 6]，随着催化剂的失效报废，将产生大量的二次资源，如废汽车尾气净化催化剂、废石化催化剂、废制药及精细化工均相催化剂等，上述废料中铂族金属总量达35～40t，其回收将形成百亿元以上产业链，具有显著的经济效益[7-9]。我国贵金属资源相对而言是较贫乏的，二次资源中的铂族金属的含量是远高于原矿的，其回收过程需要的能耗、对环境的污染程度和工艺的复杂程度，均低于原矿开采，因而不论从资源的再利用还是从环境保护的角度来看，从二次资源中回收贵金属既具有重要的经济价值，也具有重要的社会效益。

从贵金属二次资源中回收贵金属的方法很多，如火法、湿法和火湿法联合富集铂。火法包括等离子体熔炼法、金属捕集法、氯化挥发法等。湿法包括酸溶、碱溶、溶解载体法、全溶法、选择性溶解贵金属、金属置换、溶剂萃取、沉淀法等。

1.2　贵金属二次资源的定义

首先，相对于贵金属矿产资源而言，贵金属二次资源[10]泛指除贵金属矿产资源以外含贵金属废弃物的各种可供利用的资源，贵金属二次资源产生于贵金属产品的生产、使用和使用后的各个环节，其所涉及的领域广泛。

其次，贵金属资源稀少、价格比较昂贵，其中贵金属产品生产使用和使用后的废料所含贵金属含量较高、价值高，因此也被称为贵金属二次资源。

1.3　贵金属二次资源的特点

贵金属二次资源的主要特点是种类较多、规格不一，且流通较广，来源众多且复杂，所含贵金属的价值较高。贵金属稀少昂贵，含贵金属的各种废料，其回收价值高于一般金属，因而从贵金属二次资源中回收贵金属越来越受人们重视。贵金属的用途广泛，因而废料的种类、大小及品位不一，既有各种各样的型材，也有颗粒、粉末以及各种制成品；既有纯金属和合金，又有化合物和各种复合材料，也有各种废液。贵金属二次资源废料划分为固体废料和液体废料两类。主要回收途径可以分为催化剂废料回收、工业废料回收、电子废料回收、金银首饰及其废料回收等[10, 11]。

1.4　贵金属二次资源的分类

贵金属二次资源来源广、种类多、价值高。从贵金属二次资源的形态来看，可将贵金属二次资源分为三大类：固体废料、液体废料和废阳极料。

（1）固体废料：废旧的金银首饰和货币、废电子元件、废胶片、废汽车用催化剂（堇青石载体催化剂、燃料电池催化剂）、石化废催化剂（氧化铝载体铂/钯催化剂、钯碳催化剂）、废铂族合金（汽车火花塞）、电子封装贵金属合金、废弃太阳能板等。

（2）液体废料：从废定影液，含铂、钯等贵金属废液，废电解液、废铂族金属电子浆料、废铂族金属电镀液、石化有机铑废催化剂等中回收贵金属[12-16]。

（3）废阳极料：新能源用铜箔生产行业产生的涂铱阳极板、氯碱行业涂钌铱阳极网等。

参 考 文 献

[1]　宾万达，卢宜源. 贵金属冶金学[M]. 长沙：中南大学出版社，2011.

[2]　余建民. 贵金属萃取化学[M]. 北京：化学工业出版社，2005.

[3]　姬长征，田孝光. 我国铂族金属产业现状及战略储备研究[J]. 中国有色金属，2022（9）：48-49.

[4]　马腾，张万益，贾德龙. 铂资源现状与需求趋势[J]. 矿产保护与利用，2019，39（5）：90-97.

[5]　赵桂良，高超，史建公，等. 含铂废催化剂综合利用技术进展[J]. 中外能源，2010，15（3）：65-71.

[6]　李志，韩志敏. 从石油化工废催化剂中回收铂族金属的研究进展[J]. 天津化工，2021，35（3）：3-5.

[7]　Tang H M，Peng Z W，Tian R，et al. Recycling of platinum-group metals from spent automotive catalysts by smelting[J]. Journal of Environmental Chemical Engineering，2022，10（16）：108709.

[8]　Molnár Á，Papp A. Catalyst recycling：A survey of recent progress and current status[J]. Coordination Chemistry Reviews，2017，349：1-65.

[9]　Gürsel I V，Noël T，Wang Q，et al. Separation/recycling methods for homogeneous transition metal catalysts in continuous flow[J]. Green Chemistry，2013（1-3）：1-15.

[10]　吴莹莹，张坤，杨文龙，等. 贵金属二次资源回收及检测方法研究[J]. 世界有色金属，2021（18）：162-163.

[11]　梁琥琪，余守慧. 贵金属二次资源的再生利用[J]. 江苏冶金，1989（6）：53-54.

[12]　周全法，尚通明. 贵金属二次资源的回收利用现状和无害化处置设想[J]. 稀有金属材料与工程，2005，34（1）：7-11.

[13]　朱利霞. 贵金属二次资源化技术进展[J]. 铸造技术，2009，30（9）：1184-1187.

[14]　周一康，李关芳. 我国贵金属二次资源回收技术现状[J]. 稀有金属，1998（1）：64-67.

[15]　刘新星，赵文雅，董海刚，等. 微生物法回收贵金属二次资源的研究进展[J]. 贵金属，2015，36（2）：77-83.

[16]　李亚东，范兴祥，徐征，等. 贵金属二次资源回收研究[J]. 化工设计通讯，2021，47（9）：168-169.

第 2 章　贵金属二次资源富集与提取技术进展

2.1　贵金属二次资源富集的意义

贵金属同其他稀散金属一样，属于小金属，生产规模不及钢铁以及铜、铅、锌、镍、钛等，但冶金过程中涉及物料种类繁多、组分复杂，采用冶炼工艺不尽相同，使用试剂种类多，产生的"三废"成分复杂，致使贵金属冶金环保投入及"三废"处置成本高。特别是低含量贵金属物料，如采用全湿法处理，一般会产生 4~6 倍贵金属物料重量的废水，还有废气和废渣等。纵观国内外贵金属生产企业，对于低品位贵金属物料，极大部分企业已由湿法提取转为先火法熔炼捕集，优先抛弃脉石等，再采用吹炼氧化造渣脱出大部分捕集剂，获得贵金属精矿；或选择性浸出熔炼合金中捕集剂，获得贵金属精矿，再采用湿法溶解获得贵液，最后采用离子交换、萃取、沉淀、还原等获得高纯贵金属。

随着伴生贵金属矿产资源大规模开采以及贵金属使用量和范围拓宽，产生大量的贵金属二次资源，特别是铂族金属二次资源，大部分为失效三氧化二铝载体 Pt/Pd 催化剂、堇青石载体汽车尾气净化催化剂等为主的低品位铂族金属二次资源，其熔点高，属于典型贵金属二次资源，急需加以回收。

铂族金属具有许多独特、优异的物理化学性质，在电子、能源、化工、石油、汽车、环保等领域有着重要的应用。其在这些领域中的用量不大，但起着关键的作用，被称为"工业维生素""首要的高技术金属""战略储备金属"[1-3]。我国对铂族金属的需求量超过140t，约占全球总量的 24%[4]；但我国铂族金属储量仅约占全球的 0.4%，每年从矿石中产出的铂族金属量约3t[5]，对外依存度高达 95%[6]。

资料统计表明，约 60%的铂族金属被用作负载型催化剂，如异构与重整常用铂金属催化剂[7]，加氢反应常用钯、钌、锇金属催化剂[8]，汽车尾气处理多使用铂-钯、铑金属催化剂[9]，化学合成常用铑、铱金属催化剂等[10]。催化剂在使用过程中会因中毒、积碳、载体结构变化、金属晶粒聚集或流失等失效。我国每年产生失效汽车尾气净化催化剂约2 万 t，含铂族金属 25~40t[11]；产生失效石化催化剂 3000~5000t，含铂族金属 10t[12]；产生失效制药及精细化工催化剂约 2000t，含铂族金属 2t[13]。相比于品位低且与铜镍硫化物矿共生的铂族金属原生矿产资源，失效催化剂中铂族金属的循环再生价值高达上百亿美元[13]，是一座高品位、储量巨大的铂族金属"富矿"。

因此，实施贵金属二次资源富集对新时代清洁高效提取贵金属和保障我国贵金属供给安全具有十分重要的现实意义。

2.2　贵金属二次资源火法富集与提取技术

2.2.1　火法富集与提取技术概述

贵金属二次资源富集与提取技术分为火法熔炼富集与提取技术、湿法富集与提取技术两种。

火法富集技术是在贵金属二次资源物料中添加一定的捕集剂进行高温熔炼[14-17]，使贵金属被捕集在贱金属中，再用传统方法加以回收。对于固体废料，直接将物料与捕集剂和造渣剂混合熔炼；对于液体废料，可将捕集剂与废液黏结造球，烘干后进行熔炼。火法富集对物料适用范围广，特别适于处理难溶载体和载铂族金属含量非常少的废催化剂。这些废催化剂具有以下几个显著特征。

（1）载体为铝基，活性成分含量低（0.1%～0.5%），颗粒极细、弥散分布。铂族金属采用浸渍法进行负载，经脱氯后其颗粒尺寸为纳米级，弥散分布于载体颗粒表面和孔隙中，呈低浓度、弥散性分布。

（2）不同用途的铝基催化剂所负载的活性成分变化较大，铂族金属的种类、配比、含量各不相同。

（3）Al_2O_3 为高熔点氧化物，α-Al_2O_3 难溶于酸碱、γ-Al_2O_3 可溶于酸碱。

（4）催化剂在使用过程中发生积碳、孔隙坍塌等体结构变化，使铂族金属活性成分与载体形成"包裹体系"。

我国早期对这些废催化剂采用全湿法回收，随着环保要求越来越严以及废催化剂竞标采购，导致留给加工企业的获利空间降低，极大部分加工企业采用火法富集后湿法提取的技术路线。

2.2.2　加铁熔炼富集与提取技术

金属捕集法[18]是在高温的环境下将铂族金属捕集进入金属熔体中，载体和熔剂形成容易分离的炉渣，从而达到载体和炉渣分离的目的。金属捕集剂的选择，基于其与贵金属的互熔性、熔点、炉渣夹带金属损失及其本身的化学性质。常见的贵金属捕集剂有铜、镍、铅、冰铜、铁等。此方法具有处理物料的范围比较广、熔炼温度较低、环境友好、操作成本低等优点。

1. 等离子炉熔炼铁富集与提取技术

等离子熔炼法[19]是指利用等离子电弧提供所需熔炼的高温环境，将放入等离子电弧炉的炉料熔炼，使废催化剂中的铂族金属富集到捕集料中，载体成分进入渣相中，从而实现铂族金属与载体的分离。此方法具有工艺流程短、物料反应快、废水及废气污染趋近于无、铂富集率比较高等优点。

采用铁作为捕集剂，一方面铂族金属对铁的亲和力强，铁化学性质活泼，相对于铁来说铂族金属的化学性质稳定，经还原熔炼后产生的合金可用稀硫酸选择性溶解其中的铁，从而实现铂族金属的提取。另一方面，铁具有价格低、易得等优点。

1）从失效汽车尾气净化催化剂中富集与提取

目前，用于汽车尾气净化的催化剂主要以铂、钯、铑等作为活性组分，以堇青石为载体，由 γ-Al_2O_3 涂层和助剂组成。汽车尾气净化催化剂经使用一段时间后被可燃气体等有机物所污染，导致催化剂失去催化作用，进而需要更新催化剂。但由于铂族金属性质稳定，多数仍保持原有形态，其固有价值不变，据已有的文献报道，到 2030 年因汽车报废产生的废汽车尾气三元催化剂将达到近 7500 万 L，废汽车尾气净化催化剂中铂族金属的品位远高于一次铂族金属资源，因此从废汽车尾气净化催化剂中回收铂族金属至关重要[20]。

贺小塘等[21]以堇青石为载体的失效汽车催化剂和以氧化铝为载体的失效石油化工催化剂，并与捕集剂铁和熔剂、还原剂等混合，在等离子炉中还原熔炼，温度为 1500～1600℃得到合金和冶炼渣。实验结果表明，铂、钯的回收率高达 98%以上，铑达 97%以上，同时环境友好，不产生废液，熔炼渣可以作为建材使用，尾气经过多级处理达到排放标准且物料的适应范围很广。该方法在贵研资源（易门）有限公司实现了产业化，已运行了十余年。由于高温铁捕集熔炼，熔炼合金会有硅铁相产生，影响后续提取铂族金属。

2）从失效石油催化剂中富集与提取

铂族金属广泛应用于加氢、裂化、重整、脱氢、氧化、异构化、歧化、裂解以及脱氨基等催化剂中，因其良好的物理性质和化学性质广泛应用于石油和化工等领域。当前，以铂、钯、铑、银为活性组分的催化剂广泛应用于石油化工行业，在其生产中不仅不会改变化学反应本身，同时也能加速反应的进行。铂族金属催化剂在经中毒、积碳等污染后会失去活性，需要定期更换，且催化剂中含有较多的铂族金属，故在失效石油催化剂中回收铂族金属至关重要[22, 23]。

范兴祥等[24]发明了一种从低品位失效氧化铝载体催化剂中提取钯的方法，将低品位失效氧化铝载体催化剂与还原剂、铁红、熔剂、黏结剂、水混磨，制成球团烘干，进行还原熔炼，分别得到金属熔体和熔炼渣；金属熔体进行雾化喷粉得到含钯铁合金粉；采用锈蚀处理含钯铁合金粉，再进行重力分选，分别得到钯精矿和悬浮液；过滤悬浮液分离出水合氧化铁和锈蚀残余液；对水合氧化铁进行焙烧脱水得到铁红，返回混料工序作为捕集剂使用；钯精矿采用氯化溶解，经过滤得到含钯贵液和滤渣；含钯贵液经净化、沉淀、还原得到钯粉。采用本方法提炼钯，钯回收率大于 97.0%，钯粉中钯含量大于99.95%，且捕集剂和锈蚀液可循环利用，减排效果显著，提取成本低，涉及的装备成熟，产业化前景好。

2. 电弧炉/中频炉熔炼铁富集与提取技术

等离子炉熔炼技术具有工艺流程短、物料反应快、废水及废气污染趋近于无、铂富集率比较高等优点，但是等离子炉熔炼的温度较高，且等离子枪的寿命较短、需要高温耐火材料等限制其应用[25]。国内科研工作者研究电弧炉和中频炉熔炼贵金属较多，其也在中小型贵金属企业得到应用。

丁云集[26]采用电弧炉熔炼,利用 Pt、Pd、Rh 与 γ-Fe 具有相同的晶体结构和相近的晶胞参数,二者形成连续固溶体合金的特性,研究了低温铁捕集的机理及工艺,以含 Pt、Pd、Rh 活性金属的失效汽车催化剂为原料,采用铁粉为捕集剂,并通过渣型优化,降低熔炼的温度,避免二氧化硅还原并与铁形成硅铁合金,易于后期铂族金属的回收。同时,降低了渣的黏度和熔点,实现了渣相及合金的有效分离。实验结果表明,当 CaO/Na$_2$O(质量比)= 35∶20、CaF$_2$ 25%、Na$_2$B$_4$O$_7$ 8.5%、捕集剂 15%时,渣相中 Pt、Pd 和 Rh 含量分别为 2.398g/t、3.879g/t 和 0.976g/t,富集了 6.75 倍,捕集率达到 99.25%。在该条件下,通过了 50kg 规模试验验证,渣相中铂族金属总含量低于 10g/t,捕集率高于 99%。

2.2.3　加铜熔炼富集与提取技术

铜捕集铂族金属一般在电弧炉中进行。将铜或者铜的氧化物、含铂族金属废料、还原剂、助熔剂在高温的条件下还原熔炼,得到含铜合金与熔炼渣。

1. 从失效汽车尾气净化催化剂中富集与提取

赵家春等[27]以失效汽车催化剂为原料,捕集剂为氧化铜,造渣剂为氧化钙和二氧化硅,还原剂为焦炭,还原熔炼铜捕集法回收铂、钯和铑,研究了重量比、捕集剂氧化铜配比、熔炼温度、熔炼时间、还原剂配比等对 Pt、Pd 和 Rh 回收率的影响。结果表明,在 CaO/SiO$_2$(质量比)= 1.05、CuO 配比 35%~40%、还原剂配比 6%、熔炼温度 1400℃、熔炼时间 5h 的条件下,Pt、Pd 和 Rh 回收率分别为 98.2%、99.2%和 97.6%。

黄尚渭等[28]发明公开了一种汽车尾气三元催化剂中铂族金属提取以及精炼的方法,包括火法回收工艺的提取步骤和铂族金属精炼工艺的精炼步骤。提取步骤包括:①废催化剂粉碎配料;②熔炼;③吹炼;④雾化;⑤浸出铜、铂、钯、铑的混合物。精炼步骤包括:①前处理;②铂精炼工艺包括造液、氧化、反复沉淀、煅烧;③钯精炼工艺包括氨水溶解沉淀、酸化沉钯、水合肼还原;④铑精炼工艺包括亚硝酸钠配合、氯化铵沉淀、溶解、还原。该发明采用火法工艺铜捕集铂族金属,用铜捕集废催化剂中的铂族金属可以在较低的温度和较弱的还原气氛中进行。该方法不仅处理能力大,产生废水废气少,而且铂族金属回收率高。

2. 从失效石油催化剂中富集与提取

昆明贵金属研究所的董海刚等[29]发明公开了基于铜捕集回收铂族金属的方法,将含铂族金属废料与铜捕集剂、添加剂、黏结剂按比例混合、细磨后,加水制成球团,烘干,置于坩埚内加入一定的还原煤在一定的温度下进行还原;将还原所得的金属化球团破碎、球磨后,进行重选分离,获得的精矿为含铂族金属的金属铜粉,实现了铂族金属的回收。该发明工艺流程简单,还原温度低,所用设备均为常规冶金、选矿设备,易于实施;铂族金属回收率大于 99%,重选尾矿中铂族金属含量小于 10g/t。采用本发明可有效从失效汽车催化剂、石油化工催化剂、精细化工催化剂中回收铂族金属,无有害气体排出,尾矿可作为建材原料,整个过程清洁无污染。

3. 从其他贵金属二次资源物料中富集与提取

贵金属二次资源物料为各种含贵金属烟尘、铂族金属催化剂、银催化剂、铂族金属湿法提取后的残渣、银催化剂湿法提取后的残渣、玻璃纤维漏板、电子废弃物等。范兴祥等[30]发明了一种贵金属二次资源高效富集的方法。该工艺是将贵金属二次资源物料与铜捕集剂、还原剂、造渣剂、黏结剂、水分在球磨机中进行充分润磨，混匀后采用成球机制成球团，经烘干，获得复合球团；待中频炉熔化废铜，分批次往中频炉中加入复合球团，混合熔炼一段时间后，捞出熔炼渣，铜水倒入浇注模中形成铜阳极板；采用电解方法获得阴极铜，贵金属进入阳极泥中，电解残余阴极返回熔炼浇注阳极板再重新电解；采用加压酸浸阳极泥，经过滤和洗涤，获得贵金属精矿，实现了贵金属富集。此方法过程简单、原料适应性强、高效、富集比高、环保、成本低，易产业化。

2.2.4　加铅熔炼富集与提取技术

铅捕集是最古老的捕集方法，许多西方国家在 20 世纪 80 年代之前就开始用铅捕集法处理各种二次资源物料。铅捕集法是将含贵金属废料作为原料，氧化铅作为捕集剂，碳或一氧化碳作为还原剂，与碳酸钠等熔剂混合，在高温条件下熔炼，在铅的氧化物还原为铅的时候捕集铂族金属[31, 32]。

吴国元和陈景[33]发明了一种从废汽车三元催化剂中提取铂族金属的方法，其特征是废汽车三元催化剂中的铂族金属通过铅熔炼捕集，得到的含 Pt、Pd、Rh 的物料在真空条件下，通过加热到一定温度，使得物料中的铅挥发，达到物料中的铂族金属高度富集的目的。该发明对废汽车三元催化剂中铂族金属的提取工艺简单，效率高，过程中对环境污染较小。

2.2.5　锍富集与提取技术

锍是两种以上贱金属硫化物的共熔体。铁、钴、镍、铜硫化物都具有很高的熔点和分解温度，能形成共熔体。陈景[34]在文献中指出，目前文献中用晶体结构类型、晶胞参数及金属原子半径是否相同或相近作判据，不能合理地解释贱金属及锍捕集贵金属的原因。贱金属捕集贵金属的原因是熔融的贱金属相及渣相结构差异很大。前者的原子靠金属键结合，后者的各种原子靠共价键和离子键结合。贵金属原子进入金属相时，其价电子可以与贱金属原子发生键合作用，从而降低体系的自由能；锍可以捕集贵金属是因熔锍具有类金属的性质。例如镍锍在 1200℃的熔炼温度下，电导率可高达 $4^{10}\,\text{S}/\text{m}$，而且电导率随温度的升高而明显降低，属电子导电。贵金属原子进入熔锍中同样可以降低体系的自由能，且由于贵金属的电负性及标准电极电位高，贵金属化合物在还原熔炼中将先于贱金属化合物被还原；在氧化性熔炼中将后于贱金属被氧化。因此，在硫化矿的冶炼过程中，贵金属原子先进入锍相，后进入粗金属，最后进入阳极泥。

孙丽达等[35]发明了一种从失效氧化铝载体铂铼催化剂中富集铂和铼的方法，适用于回收贵金属及稀有分散性金属技术领域。该发明将失效氧化铝载体铂铼催化剂、捕集剂黄铁矿、助熔剂与造渣剂混合后，在 1300～1500℃进行造锍熔炼富集失效氧化铝载体铂铼催化剂中的铂，并从挥发烟尘中富集铼，分别得到含铂铁锍、熔渣和含铼烟尘。采用硫酸对 FeS 捕集物进行选择性浸出铁，实现铂进一步富集。该方法铂的回收率大于99.25%，铼的回收率大于98%，铂的富集比大于 30，铼的富集比大于 60。该方法具有简单、高效、经济可靠、铂和铼得到有效分离、技术难度低等优点，具有潜在产业化前景。

姜艳等[36]发明了一种加硫酸镍熔炼捕集失效汽车尾气催化剂中铂族金属的方法，该法运用于回收铂族金属技术领域。该发明将含铂族金属的失效汽车尾气催化剂及其湿法残渣、捕集剂硫酸镍、还原剂、熔剂与造渣剂混合后，在 1250～1350℃进行还原造镍锍熔炼，捕集失效汽车尾气催化剂及其湿法残渣中的铂、钯、铑，分别得到镍锍和熔炼渣。从原料到镍锍，铂的回收率大于99.5%，钯的回收率大于 99.3%，铑的回收率大于 98%。该方法流程短、成本低，铂族金属回收率高，涉及的主体冶炼和收尘设备成熟，具有潜在产业化前景。

上述两个发明专利属于造锍熔炼捕集铂族金属，造锍剂为黄铁矿、硫酸镍，可实现低温还原熔炼，避免高温熔炼生成硅铁相等问题。

2.2.6　铋富集与提取技术

金属铋作为捕集剂，其绿色、无毒是区别于其他金属的优势。张福元和卢苏君[37]以绿色、无毒、低熔点的金属 Bi 为捕集剂，选取 $Na_2O \cdot SiO_2 \cdot Al_2O_3 \cdot Bi_2O_3$ 渣型的火法熔炼新工艺，从废汽车尾气催化剂中回收铂族金属，研究熔渣碱度、金属 Bi 质量、熔炼温度、捕集时间和硅硼质量比等因素对 Pd、Pt、Rh 捕集行为的影响。熔渣碱度 0.71、金属 Bi 1.9g、硅硼质量比 0.94∶1、1100℃熔炼 10min 的优化条件下，熔渣易分离、贵铋表面光亮，Pd、Pt、Rh 的回收率分别为 98.90%、95.02%、97.00%，熔渣经二次熔炼后，Pd、Pt、Rh 的总回收率均大于 99%；熔炼过程中 Pd、Pt、Rh 优先被还原，以原子态或原子团簇形态与金属 Bi 键合，可形成 α-Bi_2Pd、Bi_2Pt、Bi_4Rh 等二元金属间化合物，有利于降低体系自由能，实现金属 Bi 对 Pd、Pt、Rh 的良好捕集。该工艺的成功开发为废汽车催化剂中铂族金属的综合回收开辟了一条新思路。

2.2.7　氯化挥发富集与提取技术

氯化挥发法是利用铂族金属的氯化物易挥发的特点，用氯气与一氧化碳或氧气、二氧化碳、光气的混合气体等作为氯化剂处理失效含贵金属的物料，从而使形成的铂族金属的氯化物从载体中挥发出来，从而达到载体与铂族金属分离的目的，进而富集铂族金属。

该方法具有能使铂族金属达到高的富集率，试剂的成本低，且载体能重复使用等优点，但环境污染大，操作温度高，耐氯化物腐蚀的设备及材料很难解决，不具备大规模使用条件，进而这项技术的应用受到了限制[38]。

1. 从失效汽车尾气净化催化剂中富集与提取

陈正等[39]公开了一种汽车失效催化剂贵金属回收系统。该回收系统将废催化剂从料仓导入至第一反应窑中，同时通过进气管向第一反应窑中通入氯气，控制第一反应窑内温度在 750℃，物料在第一反应窑中与氯气反应生成氯化铂、氯化钯，并且氯化铂、氯化钯挥发随烟气一起从第一出气管排出至吸收罐中。第一反应窑中剩余的物料通过出料管排出至搅拌结构中，同时向搅拌结构中加入氯化剂，使物料与氯化剂均匀混合，并排出至第二反应窑中。控制第二反应窑的温度为 700～900℃，使物料与氯化剂在第二反应窑中反应生成氯化铂、氯化钯，挥发出的含氯化铂、氯化钯的烟气通过第二出气管排出至吸收罐中。氯化铂、氯化钯随烟气进入吸收罐后溶解在吸收溶液中，当吸收罐中溶液检测浓度饱和后送往提铂、钯工序。该方案采用两级反应窑氯化挥发来回收废催化剂中的贵金属铂、钯，废催化剂中贵金属回收更全面，贵金属回收率高。

2. 从失效石油催化剂中富集与提取

张邦胜等[40]发明了一种从低品位含钯难溶废催化剂中回收钯的方法，首先采用焙烧的方法将低品位含钯难溶废催化剂表面积碳去除，得到焙烧渣；将焙烧渣与氯盐按照质量比 3∶1～8∶1 的比例混合，并转移至棒磨机中破碎，破碎后的粒度为 80～120 目；破碎后的混合物置于管式炉中，通入饱和氯气进行焙烧，用稀盐酸洗涤烟气，氯化结束后，停止通入氯气；将盐酸洗涤液用一步除杂后加入还原剂，还原后得到钯粉。本发明的回收方法工序简单，耗能低，产生的废水量少，成本低，回收率高。

2.2.8　还原-磨选富集与提取技术

还原-磨选工艺是一种结合火法冶金与选矿为一体的高效富集有色金属的工艺技术，利用磁性物质对有色金属进行有效捕集，然后磁选分离富集，从而得到金属富集物。

1. 从失效汽车尾气净化催化剂中富集与提取

范兴祥等[41]发明了一种从失效汽车尾气催化剂中回收铂族金属的方法，将失效汽车尾气催化剂与还原剂、捕集剂混合进行机械活化预处理后制成球团，而后采用直接还原、磨矿磁选、锈蚀除铁、重力分选、压滤等一系列处理，依次获得非磁性尾矿、铂族金属精矿、水合氧化铁、锈蚀残余液，对水合氧化铁进行煅烧处理获得铁红，返回机械活化工序作为捕集剂使用；对锈蚀残余液添加少量新锈蚀液后返回锈蚀工序使用。该发明中铂族金属全流程回收率为 98.0%～99.7%，最终富集比为 150～350，铂族金属回收率高、富集比大，不使用强酸和强碱、环境友好，还原温度低、延长了还原罐使用寿命，捕集剂和锈蚀液实现循环利用、节省成本，是一种从失效汽车尾气催化剂中回收铂族金属的新方法。

2. 从失效有机铑催化剂中富集与提取

范兴祥等[42]发明了一种从含铑有机废催化剂中富集铑的方法,在含铑有机废催化剂中加入捕集剂、添加剂、还原剂按比例混合并润磨,制球,将球团进行还原,对还原产物进行磨选,获得含铑铁基微合金,采用稀酸选择性浸出合金中贱金属,获得铑富集物。该发明具有工艺简单、还原温度低、能耗低、铑的回收率高、环境友好、后续处理工艺简单等优点,弃渣中贵金属铑含量 99%。采用该发明方法可有效回收含铑有机废催化剂中的铑,无有害废气排出,弃渣可作为生产水泥原料用,硫酸亚铁可作为生产铁红等原料用,整个过程对环境无污染,为一种环境友好、高效、低成本从含铑有机废催化剂中富集铑的方法。

2.2.9　熔盐电解技术

熔盐电解技术主要针对废三氧化二铝载体催化剂,如 Ag/Pt/Pd 催化剂,特点为熔点高,不管湿法还是火法熔炼,三氧化二铝都没有得到利用。为了提高三氧化二铝的利用率,减少废渣排放,笔者提出熔盐电解处理三氧化二铝载体贵金属催化剂的技术路线,具体如下。

李琰等[43]发明了一种从失效氧化铝铂催化剂中富集铂联产金属铝的方法,适用于稀贵金属冶金技术领域。该方法的主要步骤是将含铂失效氧化铝载体催化剂与熔剂在铝电解槽中进行电解,经电解之后得到粗铝和部分残余电解质,粗铝经熔析之后得到金属铝和残渣,部分残余电解质和残渣继续进行熔析得到熔炼渣和金属熔体,熔炼渣返回铝电解槽中进行电解,金属熔体经水淬处理之后,得到的水淬产物和稀酸反应得到铂精矿与含铝废液,加入氢氧化钠与含铝废液反应之后得到氢氧化铝和钠盐,钠盐通过蒸发浓缩结晶后得到钠盐产品,氢氧化铝经煅烧之后得到的三氧化二铝返回电解槽中进行电解。实验结果发现,铂的回收率大于98.0%,铝的回收率大于92.0%,铂富集比大于120,铝产品纯度大于98.0%。

范兴祥等[44]发明了一种利用废钯-氧化铝催化剂联产钯和铝的方法,所述方法包括以下步骤:将废钯-氧化铝催化剂粉碎后,加入熔剂进行熔盐电解,得到电解粗铝和电解质;将电解粗铝熔析得到金属铝和含钯残渣,将含钯残渣与所述电解质混合,并加入部分电解粗铝进行熔炼,得到金属熔体和熔炼渣;将金属熔体水淬后,加入盐酸溶解水淬产物中的铝,得到钯金属和含铝溶液。该方法具有钯收率高、绿色环保、资源利用率高、富集效果好、设备成熟等优点,载体氧化铝全部回收,无废渣废水产生,工业化应用前景广阔。

范兴祥等[45]发明了一种从载体为氧化铝的废银催化剂中生产纯银联产金属铝的方法,该方法将载体为氧化铝的废银催化剂与熔剂混合,置于铝电解槽中进行电解,分别获得粗铝、粗银和残余电解质,破碎残余电解质后,再返回电解工序;用熔析法将粗铝升温到熔点以上并搅拌,以银铝金属间化合物固态析出,形成不熔残渣,余下为液态金属铝,捞出残渣并送至凝析工序;用凝析法把粗银升温到熔点以上,然后缓慢降温到

960℃，银凝固为固态，铝以液态形式浮在固态银的表面上，捞出液态铝并返回熔析工序；采用该方法生产银和金属铝，银和铝的回收率分别大于 98.0% 和 95%，银和铝产品纯度分别为 98.5% 和 98.0%，具有银回收率高、流程短、绿色环保、资源利用率高、成本低、设备成熟的优点。

范兴祥等[46]公开了一种熔盐电解氧化铝载体催化剂富集贵金属联产金属铝的装置，包括石墨坩埚或石墨槽，石墨坩埚或石墨槽的顶部设置有耐火盖板，底部设置有石墨板，石墨坩埚的外部从内至外依次设置缠有加热电阻丝的耐火材料、保温棉和钢壳；耐火盖板上开设数个开孔，开孔内分别装有一根或多根加料管、电极棒、废气管和出料管，石墨板的底部设置有电极阴极，废气管的出口连接喷淋洗涤装置。该装置相比现有技术，其优点在于：加快了废贵金属催化剂熔化速度，有效地消除了贵金属的燃烧消耗，提高了贵金属回收率，节约能耗，降低了贵金属回收成本；使贵金属连续不断熔化和回收，有利于大规模连续生产，且能对冶炼废气进行有效的回收和处理，避免环境污染。

2.3　贵金属二次资源湿法富集与提取技术

2.3.1　溶解载体富集与提取技术

溶解载体法是一种用酸（盐酸或硫酸）选择性溶解载体，而不溶解贵金属，从而让贵金属停留在渣中而不进入溶液，最后向渣中加入王水或加入盐酸和氧化剂去溶解贵金属的方法。

黄继承[47]研究了采用酸溶载体法回收高纯铂的方法。该方法通过控制 H_2SO_4 的浓度，溶解载体使铂进入渣中，金属铝进入溶液中，对富集后产物加入王水溶解进行造液，赶硝酸，然后溶液进行两次离子交换，最后经树脂交换后的溶液，经加热，使其达到沸腾状态，然后加入氯化铵，使铂沉淀，达到回收铂的目的。研究表明，当 H_2SO_4 浓度＜57% 时，溶解氧化铝而不溶解铂，从而使铂全部富集在渣里面。当 H_2SO_4 浓度 ≥57% 时，铂开始进入溶液中。该方法操作复杂，且铝无法得到有效回收，但是铂的纯度高。

2.3.2　溶解贵金属 + 置换富集与提取技术

采用高氯酸、王水、过氧化氢、氯气、硝酸等将废催化剂中的贵金属溶解出来，溶解于溶液中的贵金属经浓缩之后，通过加入锌、镁、铝、铁等贱金属将贵金属置换出来，可起到初步富集、提纯的作用，得到含贵金属的粗渣。采用置换的方法提取废料中的贵金属，具有速度快、效率高、使用的工艺设备简单等优点，但所使用的贱金属容易污染贵金属。

周俊和任鸿九[48]采用硫酸化焙烧-水浸法，将失效汽车催化剂的氧化铝载体转换为可溶性的硫酸铝，加水溶解硫酸铝，铂族金属富集于渣中，渣中 Pd 的回收率为 96%，Pt

的回收率为 95%，Rh 的回收率为 19%，溶液含少许贵金属，用铝粉置换硫酸铝溶液中的铂族金属，其中 Pd 的回收率为 95%，Rh 的回收率为 95%，Pt 的回收率为 50%～87%，总工艺回收率分别为：Pt，97%～99%；Pd，99%；Rh，96%。该工艺具有设备简单、操作容易、投资少、处理费用低、副产品销路好等优点。

刘铭笏等[49]开发了一种用锌镁粉还原与处理失效废弃的 C-Pd 催化剂，并直接生产氯化钯的工艺。将失效的催化剂在 600℃下焙烧 4～6h，经研磨、95～100℃下王水浸出 2 次，每次浸出 1.5h，经处理之后，钯的浸出率可达 99%以上。浸出液经赶硝之后，经锌镁粉置换后得到海绵钯，海绵钯经稀酸处理之后，贱金属分离出来。经稀酸处理过的海绵钯纯度大于等于 98%，经锌镁粉置换的钯的回收率可达 99.8%。该工艺缩短了流程，提高了钯回收率，降低了成本。

2.3.3　溶解贵金属＋萃取与提取技术

萃取法是分离贵金属的有效方法。溶剂萃取法具有选择性较好、金属的回收率高、生产量大、产品纯度高、成本低、有机试剂可以循环利用等优点，属于湿法冶金中较为广泛应用的、具有前景的贵金属回收技术，但萃取工艺中也存在萃取剂回收困难和萃取剂稳定性差[50, 51]、萃取剂乳化以及萃取产生低浓度有机废水处置费用、有机挥发造成工作环境恶劣等问题。

徐兴莉[52]发明了一种从废旧催化剂中提取分离铂族金属的工艺。该发明基于湿法冶金工艺，以汽车尾气废旧催化剂为原料，经多步处理依次分离和萃取出金属钯、铂、铑，且萃取率均高达 99%以上。该工艺在高效提取铂族金属的同时，简化了工艺流程，解决了现有湿法冶金工艺针对贵金属的二次资源回收利用原理复杂、工艺流程长的问题。

肖国光等[53]发明了一种从电子废弃物中回收稀贵金属的再生方法及工艺，该工艺是一种从电子电器废物中回收铜、锡、金、银、铂、钯、铑等有色金属及稀贵金属的工艺，将废电脑、废手机、废电视机等废电子电器中拆卸下来的电路板元件粉碎至-40～+200 目，用有机溶剂溶解黏结剂，再用高压静电方法分离金属和非金属，然后用硫酸、王水浸出贵金属，用液膜分步萃取银、金、铂、钯、铑，最后进行纯化处理，最终得到了铜、锡有色金属及金、银、铂、钯、铑等稀贵金属，使废弃二次资源得到了再生及循环利用。该发明具有工艺简便、金属综合回收率高、"三废"少、易处理、成本低的优点，是城市矿产资源高效利用的良好技术途径，既有环保效益又有良好的经济和社会效益。

2.3.4　溶解贵金属＋沉淀与提取技术

原料经浸出后，向浸出液中加入过量的沉淀剂，可使贵金属形成难溶的化合物，与微量及常量杂质分离。

范兴祥等[54]采用硝酸浸出失效催化剂—氨水调节酸度—氯化钠沉银的方法。结果表明，在硝酸用量为失效催化剂质量的 70%、浸出温度为 65℃、浸出时间为 3h、粒度为 0.125～0.18mm、搅拌洗涤 3 次的条件下，银的浸出率为 99.52%，残渣含银 0.072%。采用氨水调节浸出液的酸度，加氯化钠沉银，经过滤和热水洗涤，氯化银加一定量的水和还原剂混匀，在搅拌条件下加热到 50～60℃ 还原 60min，再过滤、洗涤、烘干，获得含银 99.93% 的海绵银。从失效催化剂到海绵银产品，银的直收率达到 99.27%。

2.3.5　其他湿法富集与提取技术

随着长时间使用，氯碱工业用钛/镍阳极网需要更换，其表面涂覆钌和铱，采用酸浸可得到 Ru/Ir 富集物。此外，在锂电池用电解铜箔生产过程中，其中关键部件为钛阳极，一般寿命为 8～10 个月，更换的废阳极板表面涂覆铱，采用湿法酸泡一段时间，加之冲洗，即可得到铱富集物。这些富集物含 Ru/Ir 高，杂质少，为优质提取原料；采用氯化溶解，有时辅之碎化，即可溶解，再净化、沉淀、煅烧或氢还原便可得到高纯 Ru/Ir 粉末。

笔者针对低品位多金属贵金属复杂物料，采用选择性浸出贱金属富集贵金属，发明了如下技术路线。

多金属合金物料富集贵金属工艺[55]：将多金属合金物料与铵盐混合，置于高压反应釜中进行加压浸出主金属铜和镍，浸出结束后，进行过滤和洗涤，分别得到浸出液和氨浸渣，浸出液作为铜镍回收原料；氨浸渣加入硝酸在密闭钛反应釜中浸出，浸出一段时间，加热浓缩和蒸发残余的硝酸，当浓缩至黏稠状时，停止加热，同时加入水稀释，经过滤和洗涤，分别得到浸出液和酸浸渣，浸出液含有铅等，作为回收铅的原料，浸出渣含有锑、金、铂、钯等；采用加压碱浸脱出锑，经过滤和洗涤，得到碱浸液和碱浸渣，贵金属进入渣中，贵金属得到有效富集。本方法操作过程简单、设备成熟、环境友好、生产成本低、贵金属富集比高，产业化应用前景好。

硝酸溶解多金属合金物料富集贵金属工艺[56]：该工艺是将多金属合金物料与硝酸混合，置于钛反应釜中浸出，待加热到 85～95℃，保持一段时间，当浓缩至黏稠状时，停止加热，同时加物料重量 2～6 倍的水稀释，目的是降低酸度，便于主金属铅、镍和铜等金属与贵金属过滤和分离；经过滤和洗涤，分别得到浸出液和浸出渣，浸出液含有铅、铜等，作为回收铅和铜的原料，浸出渣含有铋、锑、金、银、铂、钯等；采用加压碱浸脱出锑，经过滤和洗涤，得到碱浸液和碱浸渣，贵金属进入渣中，贵金属得到有效富集。该方法操作过程简单、涉及生产设备成熟、易产业化、环境友好、生产成本低、贵金属富集比高，应用前景好。

2.4　本　章　小　结

本章介绍了贵金属二次资源富集及提取技术，重点分析了铂族金属物料的富集与提取技术，其中熔盐电解为处理三氧化二铝载体催化剂新技术，并对其进行了评述。

参　考　文　献

[1]　刘时杰. 铂族金属提取冶金技术发展及展望[J]. 有色冶炼，2002，31（3）：4-8.

[2]　杨壮，郭宇峰，王帅，等. 铂族金属二次资源火法回收技术现状及进展[J]. 贵金属，2022，43（1）：76-85.

[3]　姬长征, 田孝光. 我国铂族金属产业现状及战略储备研究[J]. 中国有色金属, 2022 (9): 48-49.

[4]　张若然, 陈其慎, 柳群义, 等. 全球主要铂族金属需求预测及供求形势分析[J]. 资源科学, 2015, 37 (5): 1018-1029.

[5]　李鹏远, 周平, 齐亚彬, 等. 中国主要铂族金属供需预测及对策建议[J]. 地质通报, 2017, 36 (4): 676-683.

[6]　贺小塘, 郭俊梅, 王欢, 等. 中国的铂族金属二次资源及其回收产业化实践[J]. 贵金属, 2013, 34 (2): 82-89.

[7]　刘强, 冯丰, 陈超, 等. 烷烃异构铂催化剂及其在燃油制取中的研究现状[J]. 贵金属, 2017, 38 (3): 72-80.

[8]　陈加利. 钌钯双金属催化剂固载顺序控制及催化性能[J]. 精细化工, 2019, 36 (10): 2081-2088.

[9]　方卫, 马媛, 卢军, 等. 汽车尾气净化催化剂中铂、钯和铑的测定[J]. 稀有金属材料与工程, 2012, 41 (12): 2254-2260.

[10]　何艳梅, 范青华. 金属锰配合物催化的氢化反应中的配体效应: 机理与应用[J]. 有机化学, 2019, 39 (11): 3310-3311.

[11]　韩守礼, 吴喜龙, 王欢, 等. 从汽车尾气废催化剂中回收铂族金属研究进展[J]. 矿冶, 2010, 19 (2): 80-83.

[12]　陈积平, 王海北, 龚卫星. 石化行业铂族金属废催化剂回收技术现状[J]. 中国资源综合利用, 2017, 35 (8): 69-71.

[13]　Zhang S G, Ding Y J, Liu B. Supply and demand of some critical metals and present status of their recycling in WEEE[J]. Waste Management, 2017, 65: 113-127.

[14]　陈景. 铂族金属冶金化学[M]. 北京: 科学出版社, 2008.

[15]　Tang H M, Peng Z W, Tian R, et al. Recycling of platinum-group metals from spent automotive catalysts by smelting[J]. Journal of Environmental Chemical Engineering, 2022, 10 (6): 108709.

[16]　Dong H G, Zhao J C, Chen J L, et al. Recovery of platinum group metals from spent catalysts: A review[J]. International Journal of Mineral Processing, 2015, 145: 108-113.

[17]　王亚军, 李晓征. 汽车尾气净化催化剂贵金属回收技术[J]. 稀有金属, 2013, 37 (6): 1004-1015.

[18]　付光强, 范兴祥, 董海刚, 等. 贵金属二次资源回收技术现状及展望[J]. 贵金属, 2013, 34 (3): 75-81.

[19]　王明. 从废催化剂中综合回收铂、铝的工艺研究[D]. 长沙: 中南大学, 2012.

[20]　解雪, 曲志平, 张邦胜, 等. 失效汽车尾气净化催化剂中铂族金属的富集[J]. 中国资源综合利用, 2020, 38 (11): 105-109.

[21]　贺小塘, 李勇, 吴喜龙, 等. 等离子熔炼技术富集铂族金属工艺初探[J]. 贵金属, 2016, 37 (1): 1-5.

[22]　李志, 韩志敏. 从石油化工废催化剂中回收铂族金属的研究进展[J]. 天津化工, 2021, 35 (3): 3-5.

[23]　贺小塘. 从石油化工废催化剂中回收铂族金属的研究进展[J]. 贵金属, 2013, 34 (S1): 35-41.

[24]　范兴祥, 吴娜, 李自静, 等. 一种从低品位失效氧化铝载体催化剂中提取钯的方法: CN112267025B[P]. 2020-10-03.

[25]　张珑瀚, 肖发新, 孙树臣, 等. 汽车尾气催化剂中铂族金属回收工艺概述[J]. 贵金属, 2021, 42 (3): 77-84.

[26]　丁云集. 废催化剂中铂族金属富集机理及应用研究[D]. 北京: 北京科技大学, 2019.

[27]　赵家春, 崔浩, 保思敏, 等. 铜捕集法从失效汽车催化剂中回收铂、钯和铑的研究[J]. 贵金属, 2018, 39 (1): 56-59.

[28]　黄尚渭, 费文磊, 张苗娟, 等. 一种汽车尾气三元催化剂中铂族金属提取以及精炼的方法: CN107604165A [P]. 2018-01-19.

[29]　董海刚, 陈家林, 赵家春, 等. 基于铜捕集回收铂族金属的方法: CN104988314A [P]. 2015-5-11.

[30]　范兴祥, 雷霆, 黄劲峰. 一种贵金属二次资源高效富集的方法: CN105886770A [P]. 2015-01-26.

[31]　薛虎, 董海刚, 赵家春, 等. 从失效汽车尾气催化剂中回收铂族金属研究进展[J]. 贵金属, 2019, 40 (3): 76-83.

[32]　武腾, 张琪, 陈正, 等. 贱金属富集废催化剂中铂族金属的研究[J].甘肃冶金, 2020, 42 (4): 16-18.

[33]　吴国元, 陈景. 一种从废汽车三元催化剂中提取铂族金属的方法: CN102134647A[P]. 2011-04-29.

[34]　陈景. 火法冶金中贱金属及锍捕集贵金属原理的讨论[J]. 中国工程科学, 2007, 9 (5): 11-16.

[35]　孙丽达, 范兴祥, 塞祝明, 等. 一种从失效氧化铝载体铂铼催化剂中富集铂和铼的方法: CN 114058866A[P]. 2022-02-18.

[36]　姜艳, 范兴祥, 李琰, 等. 一种加硫酸镍熔炼捕集失效汽车尾气催化剂中铂族金属的方法: CN 114107692A[P]. 2021-11-30.

[37]　张福元, 卢苏君. 堇青石型废汽车尾气催化剂回收铂族金属研究进展[J]. 稀有金属材料与工程, 2021, 50 (9): 3388-3398.

[38]　严海军, 周玉娟, 徐斌, 等. 废 Pd/Al₂O₃ 催化剂综合回收钯研究[J]. 矿产综合利用, 2020 (1): 16-24.

[39]　陈正, 杨冬伟, 卢超, 等. 汽车失效催化剂贵金属回收系统: CN 215757549U[P]. 2022-02-08.

[40]　张邦胜, 刘贵清, 解雪, 等. 一种从低品位含钯难溶废催化剂中回收钯的方法: CN111455192A [P]. 2020-04-29.

[41]　范兴祥, 雷鹰, 李雨, 等. 一种从失效汽车尾气催化剂中回收铂族金属的方法: CN111304449A[P]. 2020-04-03.

[42] 范兴祥, 董海刚, 付光强, 等. 一种从含铑有机废催化剂中富集铑的方法: CN102796877A[P]. 2012-08-27.

[43] 李琰, 范兴祥, 王家和, 等. 一种从失效氧化铝铂催化剂中富集铂联产金属铝的方法: CN111455180A[P]. 2020-04-17.

[44] 范兴祥, 毛莹博, 李自静, 等. 一种利用废钯-氧化铝催化剂联产钯和铝方法: CN112011690A[P]. 2020-12-01.

[45] 范兴祥, 李国旺, 范秋菊. 一种从载体为氧化铝的废银催化剂中生产纯银联产金属铝的方法: CN111364060B[P]. 2021-02-09.

[46] 范兴祥, 李自静, 毛莹博, 等. 一种熔盐电解氧化铝载体催化剂富集贵金属联产金属铝的装置: CN213203237U[P]. 2021-05-14.

[47] 黄继承. 从废载体催化剂中回收提炼高纯铂[J]. 再生资源研究, 2000 (3): 24-25.

[48] 周俊, 任鸿九. 从粒状汽车废催化剂中回收铂族金属[J]. 有色金属 (冶炼部分), 1996 (2): 31-35.

[49] 刘铭笏, 安美玲, 张思敬. 用失效的 C-Pd 催化剂生产氯化钯[J]. 稀有金属材料与工程, 1995 (1): 61-63.

[50] 马肃, 谢笑天, 张刚, 等. 离子液体萃取铂、钯和铑离子的研究进展[J]. 化学通报, 2021, 84 (6): 530-534.

[51] 陈胜. 新型萃取剂萃取电子垃圾中贵金属的技术研究[D]. 南京: 东南大学, 2016.

[52] 徐兴莉. 废旧催化剂中提取分离铂族金属的工艺: CN111793753A[P]. 2020.

[53] 肖国光, 邓曙新, 唐浩. 一种从电子废弃物中回收稀贵金属的再生方法及工艺: CN103397186A[P]. 2013-07-12.

[54] 范兴祥, 董海刚, 吴跃东, 等. 硝酸浸出失效催化剂提取银的实验研究[J]. 矿冶工程, 2013, 33 (2): 78-80.

[55] 范兴祥, 陈利生, 刘振楠. 一种从多金属合金物料中集贵金属的方法: CN105861836A[P]. 2018-11-13.

[56] 范兴祥, 余宇楠, 杨建中. 一种硝酸溶解多金属合金物料集贵金属的方法: CN 105886769A[P]. 2018-11-13.

第3章　失效贵金属催化剂全湿法富集与提取技术

3.1　失效贵金属催化剂分类

贵金属催化剂广泛应用于催化领域，化工行业为贵金属使用量最大的领域，有氧化铝载体银催化剂、氧化铝载体钯催化剂、氧化铝载体铂/铼催化剂、堇青石载体三元汽车尾气净化催化剂、碳载体钯催化剂等。随着使用时间延长，贵金属催化剂的活性降低，成为失效贵金属催化剂，其为回收贵金属的主要原料。

3.2　失效银催化剂湿法富集与提银工艺

3.2.1　失效氧化铝载体银催化剂表征

含银催化剂在化工行业应用广泛，催化剂使用到一定时间后，便失去了催化活性，需要更换新催化剂。这种催化剂含银较高，一般在 10%～15%。

实验原料失效氧化铝载体银催化剂来自某企业，呈管状（图 3-1），化学分析银含量为 13.08%，X 射线衍射（X-ray diffraction，XRD）分析结果见图 3-2。

图 3-1　失效氧化铝载体银催化剂照片

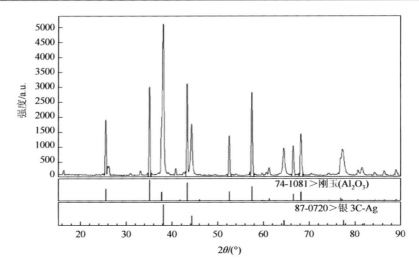

图 3-2　失效氧化铝载体银催化剂的 XRD 图谱

3.2.2　提取原理及方法

提取原理：硝酸浸出失效氧化铝载体银催化剂过程发生的主要化学反应如下：

$$Ag + 2HNO_{3(浓)} \Longrightarrow AgNO_3 + NO_2\uparrow + H_2O \tag{3-1}$$

$$3Ag + 4HNO_{3(稀)} \Longrightarrow 3AgNO_3 + NO\uparrow + 2H_2O \tag{3-2}$$

提取方法：将焙烧失效氧化铝载体银催化剂破碎，筛分粒度为–200 目物料，加硝酸、水混合，加热搅拌浸出，浸出结束后，采用搅拌洗涤，每次洗涤，加硝酸调节 pH 小于 2 以防硝酸银水解；获得硝酸银溶液，加氢氧化钠沉淀，获得氢氧化银，经过滤、洗涤和煅烧，获得含银大于 98.0% 的粗银粉，送电解精炼获得高纯银，工艺流程见图 3-3。

3.2.3　湿法提银结果与讨论

1. 粒度对银浸出率的影响

浸出条件：硝酸用量为失效氧化铝载体银催化剂重量的 70%、浸出温度 65℃、浸出时间 3h、液固比 3∶1，浸出结束后，搅拌洗涤次数为 3 次，结果表明，银浸出率低，仅为 89.96%。分析原因是失效氧化铝载体银催化剂比表面积大，孔隙较多，浸出结束后，尽管洗涤多次，但银离子仍残留在载体孔隙里，需要反复按上述条件浸出 2 次，才能达到 99.0% 以上的银浸出率，因此有必要进行粒度实验。

按实验要求加入水、硝酸用量为失效氧化铝载体银催化剂重量的 70%、浸出温度 65℃、浸出时间 3h、粒度为–80～＋120 目、液固比 3∶1，浸出结束后，搅拌洗涤次数为 3 次，考察失效氧化铝载体银催化剂粒度对银浸出率的影响，结果见图 3-4。

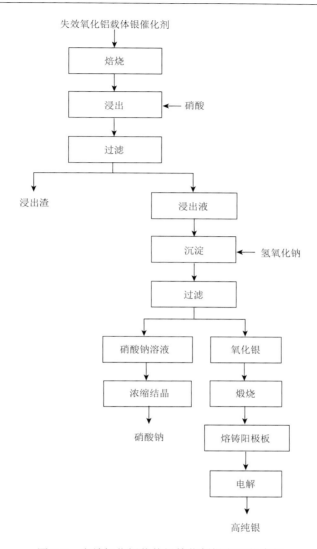

图 3-3　失效氧化铝载体银催化剂提取工艺流程

由图 3-4 看出，失效氧化铝载体银催化剂粒度对银浸出率的影响显著。但失效氧化铝载体银催化剂粒度超过–120 目，粒度对银浸出率影响不明显且过细，在搅拌洗涤后，过滤较困难，确定粒度为–80～ + 120 目合适。

2. 浸出温度对银浸出率的影响

在固定其他条件不变下，考察浸出温度对银浸出率的影响，结果见图 3-5。

由图 3-5 可见，银浸出率随着浸出温度升高而升高，但浸出温度对银浸出率影响较小，浸出温度过高，硝酸会分解，因此确定浸出温度为 65℃合适。

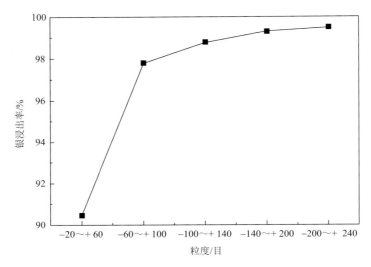

图 3-4   粒度对银浸出率的影响

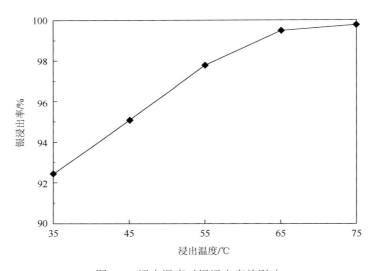

图 3-5   浸出温度对银浸出率的影响

3. 浸出时间对银浸出率的影响

在固定其他条件不变下，考察浸出时间对银浸出率的影响，结果见图 3-6。由图 3-6 可以看出，银浸出率随着浸出时间延长而提高。浸出时间超过 3h，银浸出率不再提高，实验确定浸出时间为 3h 合理。

4. 洗涤次数对银浸出率的影响

在其他条件不变情况下，考察洗涤次数对银浸出率的影响，结果见图 3-7。图 3-7 表明，银浸出率随着洗涤次数增加而提高，且洗涤次数对银浸出率影响显著，即仅用滤纸过滤和真空泵抽干，不洗涤，银浸出率为 86.19%，经搅拌洗涤 1 次，银浸出率为 92.36%，

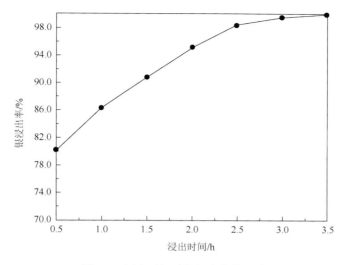

图 3-6　浸出时间对银浸出率的影响

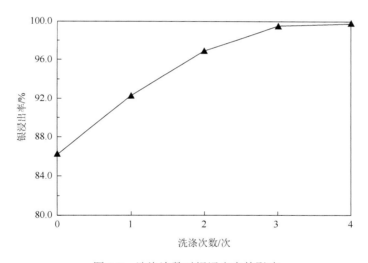

图 3-7　洗涤次数对银浸出率的影响

较不洗涤，银浸出率提高 6.17 个百分点，说明夹带严重；搅拌洗涤 2 次，银浸出率提高至 96.95%，银浸出率提高明显；搅拌洗涤 3 次，银浸出率可达到 99.52%；搅拌洗涤 4 次，银浸出率提高到 99.83%，银浸出率提高不明显。确定合适的搅拌洗涤次数为 3 次，否则过多洗涤次数，产生液体量太大，后续提银后废液的环保处理成本高。

3.2.4　综合实验

经研究，确定硝酸浸出失效氧化铝载体银催化剂提银的合理参数为：硝酸用量为失效氧化铝载体银催化剂重量的 70%、浸出温度 65℃、浸出时间 3h、粒度为−80～+ 120 目、搅拌洗涤次数为 3 次。在实验条件下，银的浸出率为 99.52%，银渣含银 0.072%。采用 X

射线衍射对浸出渣进行表征（图 3-8），结果表明，浸出渣中全部为三氧化二铝，银的衍射峰消失。

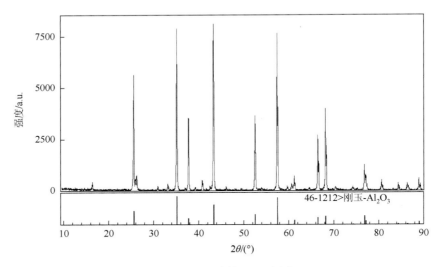

图 3-8　浸出渣的 XRD 图谱

采用氨水调节浸出液的酸度，加氯化钠沉银，经过滤和热水洗涤，氯化银加一定量的水和还原剂混匀，在搅拌条件下加热到 50～60℃进行还原 60min，再过滤、洗涤、烘干，获得含银 99.93%的海绵银。实验结果表明，从失效氧化铝载体银催化剂到海绵银产品，银的直收率达到 99.27%。

3.2.5　小试结论

本实验研究了硝酸浸出失效氧化铝载体银催化剂提银的工艺，得出如下结论。

（1）浸出过程中，失效氧化铝载体银催化剂粒度对银的浸出率有显著影响，增加搅拌洗涤次数有利于提高银的浸出率。

（2）获得的合理工艺参数：硝酸用量为失效氧化铝载体银催化剂重量的 70%、浸出温度 65℃、浸出时间 3h、粒度为–80～+120 目、搅拌洗涤次数为 3 次。在实验条件下，银的浸出率为 99.52%，浸出渣含银 0.072%。

（3）综合实验表明，从失效氧化铝载体银催化剂到海绵银产品，银的直收率达到 99.27%。

3.2.6　生产应用

1. 生产工艺流程

根据实验获得的工艺参数，生产工艺流程见图 3-9。

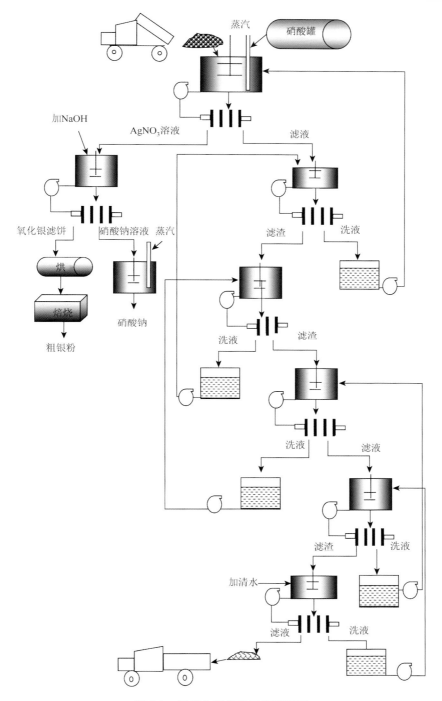

图 3-9　银催化剂提银工艺流程图

据工艺流程，设备选型如表 3-1 所示。

表 3-1　失效氧化铝载体银催化剂提取项目设备要求

序号	名称	参数	数量
1	破碎机	处理能力：2t/d；粒度：−100 目	1 台
2	搪瓷反应釜	体积：2m³；温度：70℃；介质为 20%~30%硝酸，蒸汽加热及水冷却	1 台
3	压滤机	耐酸，介质为 20%~30%硝酸	6 台
4	真空过滤机	耐碱，介质为氢氧化钠，pH 为 10~11	1 台
5	洗涤槽	直径 1.5m，高 1.7m，带搅拌	6 台
6	中间槽	直径 1.5m，高 1.2m	5 台
7	焙烧、干燥炉	功率 30kW、100~300℃	2 台
8	耐酸砂浆泵	扬程 10m	6 台
9	耐酸泵	扬程 10m	5 台
10	高温耐酸泵	扬程 10m、耐温 40℃	1 台
11	不锈钢盒子	耐氧化，温度 100~300℃	7 个
12	高位硝酸罐	体积：1m³	1 个
13	高位碱液槽	体积：1m³	1 个
14	硝酸储罐	体积：3m³	1 个

2. 生产线建设

根据设备选型，进行生产设计和建设，完成生产线建设（图 3-10~图 3-12）。

图 3-10　生产线核心设备反应釜

图 3-11 生产线核心设备板框过滤机及中间槽

图 3-12 生产线核心设备焙烧炉及输送泵

　　生产线运行情况：批次加失效氧化铝载体银催化剂 250kg，采用破碎机进行破碎，控制粒度为-80 目，硝酸用量为失效氧化铝载体银催化剂重量的 70%，批次加入，防止反应激烈，浸出温度不低于 65℃，采用蒸汽加热，浸出时间 3h，浸出结束后，进行液固分离，浸出渣洗涤次数为 3 次。浸出液加氢氧化钠沉淀，获得氢氧化银，置于不锈钢盘中，采用焙烧炉在 450～500℃煅烧 2～3h，获得粗银粉（图 3-13），含银大于 98.5%，为银电解精炼的优质原料。

　　本生产线批次处理 126t 失效氧化铝载体银催化剂，银回收率达到 99.5%。

图 3-13　焙烧后粗银粉

3.2.7　湿法富集及提银小结

采用硝酸浸出失效氧化铝载体银催化剂是可行的，银浸出率高，粗银为精炼提纯银的优质原料；工艺简单，试剂仅为硝酸和氢氧化钠，所涉及的设备成熟，应用前景广阔。

3.3　失效氧化铝载体铂铼催化剂提取工艺

3.3.1　失效铂铼催化剂表征

实验原料来自石化炼油厂，采用 X 射线荧光光谱仪对铂铼失效催化剂进行分析，主要含有铝、硅、铁、镁、硫及少量的铂、铼等。根据定性分析，采用化学方法进行元素分析，Al_2O_3 96.58%、S 0.26%、Pt 1780g/t、Re 3600g/t。采用 XRD 分析对失效铂铼催化剂物料进行表征，结果见图 3-14。从图 3-14 可以看出，物料中主要物相为 Al_2O_3。

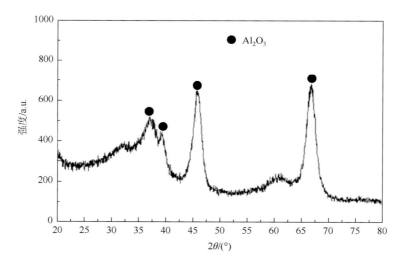

图 3-14　铂铼失效催化剂的 XRD 图谱

3.3.2　提铂铼工艺流程

失效铂铼催化剂中铼与铂比超过 2∶1，且含量高，湿法提取铂，几乎所有的铼随铂进入浸出液中，铂和铼均以阴离子形式存在，后续提纯铂存在干扰等问题，提出氧化焙烧脱出有机物，选择湿法选择性优先浸出铼，获得含铂浸出渣和含铼浸出液，浸出渣再采用氯化浸出、离子交换、沉淀等获得铂。从失效铂铼催化剂中提取铂铼的工艺流程如图 3-15 所示。

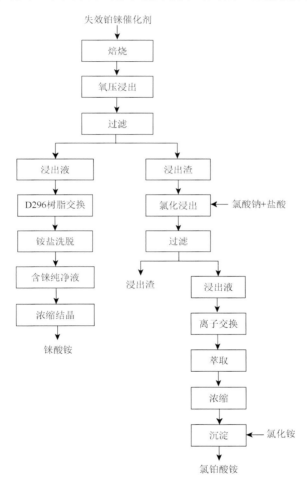

图 3-15　从失效铂铼催化剂中提取铂铼的工艺流程图

3.3.3　选择性酸浸失效铼催化剂中铼的实验

1. 初始硫酸浓度对铼浸出率及浸出渣率的影响

研究条件：浸出温度 140℃、浸出时间 3.0h、浸出氧压 5MPa、液固比 4∶1、搅拌速度 350r/min，考察初始硫酸浓度对铼浸出率及浸出渣率的影响，结果见图 3-16。

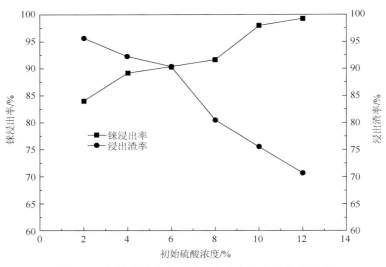

图 3-16　初始硫酸浓度对铼浸出率和浸出渣率的影响

从图 3-16 可以看出，铼的浸出率随着初始硫酸浓度提高而提高，主要因为初始硫酸浓度提高，反应速度加快。当初始硫酸浓度为 2% 时，铼浸出率为 84.00%，浸出渣率为 95.70%；当初始硫酸浓度为 10% 时，铼浸出率为 98.11%，浸出渣率为 75.56%，进一步提高初始硫酸浓度到 12%，铼浸出率可达到 99.37%，与初始硫酸浓度 10% 比较，虽然铼浸出率可提高 1.26 个百分点，但浸出渣率降低了 4.83 个百分点，即有 4.83% Al_2O_3 溶解。故确定初始硫酸浓度 10% 较合理。

2. 浸出温度对铼浸出率的影响

研究条件：浸出时间 3.0h、初始硫酸浓度 10%、浸出氧压 5MPa、液固比 5：1、搅拌速度 350r/min，考察浸出温度对铼浸出率的影响，结果见图 3-17。

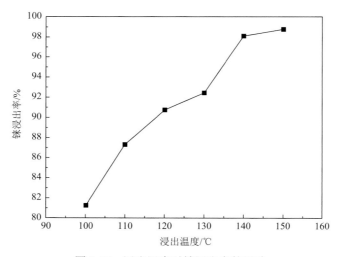

图 3-17　浸出温度对铼浸出率的影响

从图 3-17 可以看出，铼浸出率随着浸出温度升高而提高，当浸出温度为 100℃时，铼浸出率为 81.28%，在 100～140℃，温度对铼浸出率影响显著，浸出温度超过 140℃后，铼浸出率随着温度提高增加缓慢，浸出温度为 150℃，铼的浸出率仅比浸出温度为 140℃提高了 0.67 个百分点。因此确定浸出温度 140℃。

3. 浸出氧压对铼浸出率的影响

研究条件：浸出温度 140℃、浸出时间 3.0h、初始硫酸浓度 10%、液固比 4∶1、搅拌速度 350r/min，考察浸出氧压对铼浸出率的影响，结果见图 3-18。

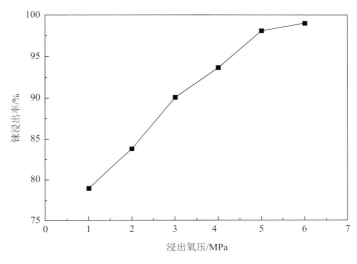

图 3-18　浸出氧压对铼浸出率的影响

从图 3-18 可以看出，在浸出氧压 1～5MPa，铼浸出率随着浸出氧压提高而呈直线上升。浸出氧压为 1MPa 时，铼浸出率达到 78.99%；浸出氧压为 5MPa 时，铼浸出率达到 98.11%，铼浸出率提高了 19.12 个百分点；浸出氧压超过 5MPa 时，铼浸出率提高浸出缓慢，即提高浸出氧压达到 6MPa，铼浸出率达到了 99.05%，铼浸出率仅提高了 0.94 个百分点。故确定浸出氧压为 5MPa。

4. 浸出时间对铼浸出率的影响

研究条件：浸出温度 140℃、浸出氧压 5MPa、初始硫酸浓度 10%、液固比 4∶1、搅拌速度 350r/min，考察浸出时间对铼浸出率的影响，结果见图 3-19。

由图 3-19 可知，在浸出时间 1.0～3.0h 范围内，铼浸出率随着浸出时间延长而提高且呈直线上升。浸出时间 1.0h 时，铼浸出率达到 75.17%；浸出时间 2.0h 时，铼浸出率较浸出 1.0h 提高了 11.85 个百分点，说明浸出时间对铼浸出率影响明显；浸出时间超过 3.0h 时，铼浸出率提高不明显，浸出时间 3.5h，铼浸出率较浸出时间 3.0h 提高 0.44 个百分点，生产延长浸出时间不仅增加能耗，而且降低设备处理效率。因此，确定适宜的浸出时间为 3.0h。

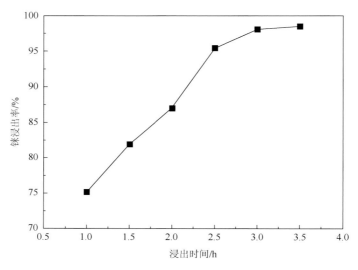

图 3-19　浸出时间对铼浸出率的影响

5. 液固比对铼浸出率的影响

研究条件：浸出温度 140℃、浸出氧压 5MPa、初始硫酸浓度 10%、浸出时间 3.0h、搅拌速度 350r/min，考察液固比对铼浸出率的影响，结果见图 3-20。

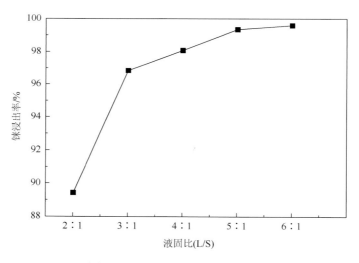

图 3-20　液固比对铼浸出率的影响

从图 3-20 可以看出，铼浸出率随着液固比增大逐渐提高，液固比小，浸出体系中黏度较大，浸出剂扩散速度慢，液固比为 2∶1 时，铼浸出率为 89.44%；提高液固比为 3∶1 时，铼浸出率达到 96.87%，铼浸出率明显提高；液固比超过 4∶1 时，铼浸出率提高不明显，且液固比增大，浸出液体积大，提铼产生废液处理费用高，因此确定液固比为 4∶1。

6. 酸种类对铼浸出率的影响

研究条件：浸出温度 140℃、浸出氧压 5MPa、浸出时间 3.0h、搅拌速度 350r/min，三种酸浓度为 10%，考察酸种类对铼浸出率的影响，结果见表 3-2。

表 3-2　酸种类对铼浸出率的影响

项目	盐酸	硝酸	硫酸
铼浸出率/%	95.38	97.36	96.87

从表 3-2 可以看出，盐酸、硝酸、硫酸对铼的浸出率基本相同，但发现盐酸、硝酸、硫酸的浸出液均含有微量铂，且盐酸、硝酸浸出液中的铂含量均大于硫酸浸出液中的铂含量，盐酸腐蚀设备严重，故选择硫酸作为浸出液合适，后续浸出液提铼简单和产生废水易处理。

7. 酸度对铼浸出率的影响

研究条件：浸出温度 140℃、浸出氧压 5MPa、浸出时间 3.0h、搅拌速度 350r/min，考察硫酸浓度对铼浸出率的影响，结果见表 3-3。

表 3-3　硫酸浓度对铼浸出率的影响

项目	硫酸浓度/%		
	5	10	15
铼浸出率/%	92.05	96.87	98.81

从表 3-3 可以看出，铼浸出率随着硫酸初始浓度提高而增加，虽然硫酸初始浓度 15% 浸出，获得的铼浸出率高于硫酸初始浓度 10%，但浸出液中铂含量较高，故选择硫酸初始浓度 10%合适。

3.3.4　浸出综合条件实验

由以上单因素浸出实验结果分析，可得到最优浸出工艺条件：浸出温度 140℃、浸出氧压 5MPa、初始硫酸浓度 10%、浸出时间 3.0h、搅拌速度 350r/min、液固比为 4∶1。按此条件进行重复性实验，铼浸出率达到 98.15%，铂浸出率 83.12%，浸出渣率为 75.81%，该实验结果与条件实验结果吻合。浸出渣含 Al_2O_3 96.74%、S 0.31%、Pt 2346.81g/t、Re 87.26g/t。采用 XRD 对浸出渣进行表征，结果见图 3-21。

从图 3-21 可以看出，浸出渣中物相为 Al_2O_3，与原料的衍射峰一致。浸出液中含铼 0.63g/L、铂小于 0.001g/L、铝 21.25g/L。

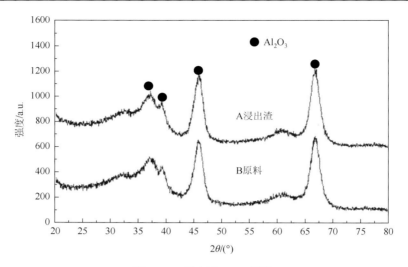

图 3-21　浸出渣 XRD 图谱

3.3.5　酸浸液提铼实验

　　针对浸出液中含铼 0.63g/L、铂小于 0.001g/L、铝 21.25g/L，采用 D296 阴离子树脂交换吸附铼，选用浓度为 2.5mol/L 硫氰酸铵溶液作为洗脱剂，经洗脱，获得洗脱液；将洗脱液浓缩到原体积的 20%～25%，冷却至 5～8℃，静置 3～4h，过滤，并将析出结晶体加少量去离子水溶解重结晶，重复 2～3 次，得到白色针状、粒状的纯铼酸铵半成品。铼酸铵杂质含量如表 3-4 所示，铼酸铵纯度大于 99.95%。

表 3-4　铼酸铵化学成分（%）

项目	Al	As	Ca	Cu	Fe	Mg	Si
含量	<0.005	<0.005	0.0083	<0.005	<0.005	<0.005	0.0052

3.3.6　富集物提铂实验

　　针对浸出渣含 Al_2O_3 96.74%、S 0.31%、Pt 2346.81g/t、Re 87.26g/t，采用加氯酸钠和硫酸氧化浸出，液固比为 5∶1，氯酸钠浓度为 15%，盐酸浓度为 10%，浸出温度为 95℃，浸出时间为 3h，搅拌转速为 250r/min，在此条件下，铂浸出率为 99.12%。浸出液加铁粉还原，获得含铂精矿，再采用加氯酸钠和盐酸氧化浸出，液固比为 5∶1，氯酸钠浓度为 25%，盐酸浓度为 10%，浸出温度为 95℃，浸出时间为 3h，搅拌转速为 250r/min，铂浸出率达到 99.95%。浸出液用 732 树脂交换脱出金属阳离子杂质，获得纯的含铂溶液，加热浓缩，控制铂含量为 15～20g/L，加氯化铵沉淀，加稀氯化铵洗涤，经烘干，得到氯铂酸铵。

3.7 失效氧化铝载体铂铼催化剂提铂铼小结

采用加压酸浸失效铂铼催化剂，实现了铼的选择性浸出，获得含铂富集渣；用氯化浸出—置换—氯化浸出，获得含铂浸出液，经用 732 树脂交换脱出金属阳离子杂质，获得纯的含铂溶液，加热浓缩，加氯化铵沉淀，加稀氯化铵洗涤，经烘干，得到氯铂酸铵。研究表明，形成的工艺技术路线是可行的。

3.4 常压氧化酸浸失效氧化铝载体铂铼催化剂实验

称一定量的失效催化剂，氯酸钠加入量为失效催化剂重量的 80%、硫酸加入量为失效催化剂重量的 20%、浸出温度 65℃、液固比 5∶1、超声辐射时间 60min。在此条件下的浸出率可达 96.90%。

3.5 常压氧化酸浸失效氧化铝载体钯催化剂提取工艺

该失效氧化铝载体钯催化剂中钯含量为 173.2g/t，采用 X 射线衍射仪对焙烧前和 600℃焙烧后失效氧化铝载体钯催化剂进行分析，结果见图 3-22。从图 3-22 可以看出，焙烧前和焙烧后主要物相以 Al_2O_3 存在。

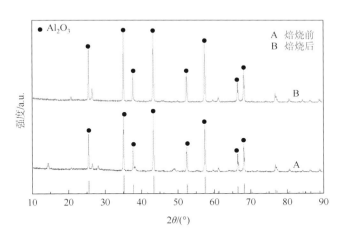

图 3-22 失效氧化铝载体钯催化剂焙烧前后的 XRD 图谱

称取一定量的失效氧化铝载体钯催化剂，经焙烧、破碎获得–200 目的物料，氯酸钠加入量为失效氧化铝载体催化剂重量的 70%、盐酸用量为失效钯催化剂重量的 40%、浸出时间 100min、浸出温度 70℃、搅拌转速为 250r/min。在此条件下，钯的浸出率达到 93.69%。采用 X 射线衍射仪对浸出渣进行分析，结果见图 3-23。从图 3-23 可以看出，原料和浸出渣主要以 Al_2O_3 存在。

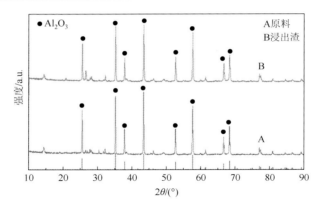

图 3-23　浸出渣 XRD 图谱

浸出液采用 732 树脂交换脱出碱金属离子，获得低浓度氯钯酸钠溶液，采用 S201 萃取获得纯净的氯钯酸钠溶液。为了提高钯沉淀率，需提高钯浓度到 15～25g/L，为此采用加热浓缩，再加氯化铵沉淀，过滤，加稀氯化铵溶液洗涤，经烘干，获得氯钯酸铵。形成的工艺流程见图 3-24。

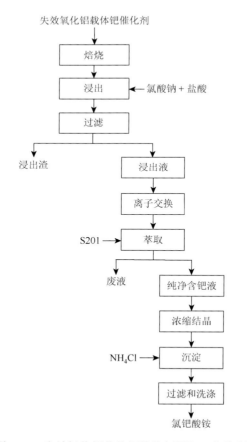

图 3-24　失效氧化铝载体钯催化剂提取工艺流程

3.□ 失效堇青石载体汽车尾气净化催化剂全湿法提取

称取经□焙烧过的失效堇青石载体汽车尾气净化催化剂,采用混酸氧化浸出,盐酸 3mol/L,硫酸 3mol/□ 液固比(L/S)=5:1~6:1,浸出温度 95~100℃,浸出时间 4h,NaClO₃ 配成 25%~4□%,溶液缓慢加入。浸出结束后,过滤和洗涤,得到浸出液和浸出渣。浸出液采用活性金属□置换,得到铂族金属精矿,采用氯化溶解,经过滤,分别获得贵液和溶解残渣。一般来讲,□铂族金属精矿在氯化溶解过程中铑的溶解率在 85%~90%,有条件的贵金属企业,采用氯气溶□解,溶解率在 90%~95%,但溶解残渣含铑较高,需要进行金属活化再溶解,提高铑的溶解□率。针对溶解液采用 732 树脂交换脱出金属阳离子杂质,如铁、镍、铜等,交换后液加 S2□□ 萃取钯,萃余液加 TBP(磷酸三丁酯)萃取铂,获得含铑萃取余液,经浓缩,铑含量为 □□~20g/L,加氢氧化钠沉淀,得到氢氧化铑产品。含钯和铂的溶液采用浓缩、沉淀、烘干等□, 分别获得氯铂酸铵和氯钯酸铵。全湿法提取工艺流程见图 3-25。

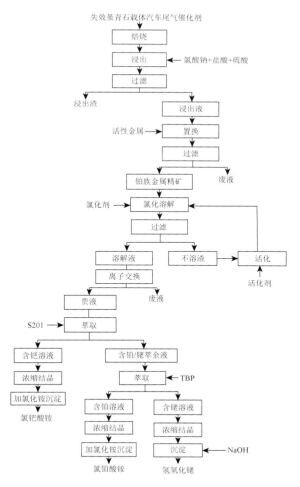

图 3-25　失效汽车尾气净化催化剂全湿法提取工艺流程

3.7　本　章　小　结

本章主要研究了硝酸浸出失效氧化铝载体银催化剂、加压酸浸失效氧化铝载体铂铼催化剂、常压氧化氯化浸出失效氧化铝载体铂铼催化剂、常压氧化氯化浸出失效氧化铝载体钯催化剂、常压氧化氯化浸出失效堇青石载体汽车尾气净化催化剂等富集与提取技术，获得一些参数，为推广应用提供参考。

湿法技术在处理失效银催化剂方面获得产业化应用，且在处理失效铂族金属催化剂方面也得到应用，但其存在过滤难、废液量大、试剂消耗大以及产生固废渣等问题，现在大多数企业基本不用。现行失效铝基铂族金属催化剂采用火法熔炼捕集铂族金属并优先抛弃三氧化二铝等，获得含铂族金属捕集物料，再经选择性浸出捕集剂，获得铂族金属富集物，采用氯化溶解等获得贵液，经净化、分离、还原等工序获得高纯铂族金属产品，这将在第 4 章详细论述。

参 考 文 献

[1]　杨泉，陈明军，韩继标，等. 双氧水协同硝酸浸出失效银催化剂中银的研究[J]. 贵金属，2023，44（S1）：78-81.

[2]　王欢，贺小塘，郭俊梅，等. 从环氧乙烷用失效催化剂中回收银[J]. 贵金属，2016，37（2）：41-45.

第 章 失效铂族金属催化剂火湿法提取技术

4.1 失效铂族金属催化剂火湿法提取原理

火湿法提取技术即先火法熔炼再湿法浸出富集贵金属。

大部分失效铂族金属催化剂载体为三氧化二铝和董青石等，这些载体均为高熔点成分，采用火法还原熔炼捕集铂族金属，载体造渣，实现铂族金属与载体高效分离。火法还原熔炼捕集铂族金属分为金属捕集和造锍捕集，其中常用金属捕集剂为金属铁、镍、铜及其氧化物，造锍熔炼捕集剂为铁、镍、铜的硫化物和硫酸盐等。铁、镍、铜及其硫化物均为铂族金属优良捕集剂。

金属捕集后，加稀酸选择性浸出捕集镍、铜、铁富集铂族金属，即湿法捕集，如果造锍捕集则需要加稀酸或氧化浸出 CuS、Ni_3S_2、FeS 富集铂族金属。

铂族金属富集物加氯酸钠溶解，获得的贵液进行净化，采用 732 树脂交换脱出贱金属，获得脱出贱金属后的贵液采用萃取分离，加氯化铵沉淀，获得铂族金属铵盐沉淀物。

相关反应如下：

氯酸钠在硫酸介质作用下，发生如下反应：

$$3NaClO_3 + H_2SO_4 === Na_2SO_4 + NaCl + 9[O] + 2HCl \tag{4-1}$$

$$2HCl + [O] === 2[Cl] + H_2O \tag{4-2}$$

新生态的氯[Cl]与氧[O]，具有极强的氧化性，它能将原料中铂钯铑氧化络合溶解，主要方程如下：

$$Pt + 2HCl + 4[Cl] === H_2PtCl_6 \tag{4-3}$$

$$Pd + 2HCl + 2[Cl] === H_2PdCl_4 \tag{4-4}$$

$$Rh + 2HCl + 4[Cl] === H_2RhCl_6 \tag{4-5}$$

氯化溶解后，获得铂钯铑溶液，常含有铜、镍、铁等贱金属，需要通过离子交换脱出，一般采用 H^+ 型-732 阳离子交换树脂，按下列反应交换脱出铜、镍、铁等。

$$2(R—SO_3^-H^+) + Cu^{2+} === (R-SO_3)_2Cu + 2H^+ \tag{4-6}$$

$$2(R—SO_3^-H^+) + Ni^{2+} === (R-SO_3)_2Ni + 2H^+ \tag{4-7}$$

$$2(R—SO_3^-H^+) + Fe^{2+} === (R-SO_3)_2Fe + 2H^+ \tag{4-8}$$

4.2 加硫酸亚铁熔炼捕集失效氧化铝载体铂铼催化剂中铂及提取技术

4.2.1 捕集及富集原理

1. 捕集原理

失效氧化铝载体铂铼催化剂焙烧后与一定比例的硫酸亚铁、造渣剂、熔剂、还原剂混合，在高温还原熔炼过程中载体三氧化二铝与加入的石英砂、石灰造 $CaO \cdot Al_2O_3 \cdot 2SiO_2$ 三元渣，同时硫酸亚铁与碳发生反应生成以硫化亚铁为主的锍并捕集铝基催化剂中的铂；锍比重大于熔渣，并沉于熔炼坩埚底部，实现锍与渣分离。相关反应方程如下：

$$FeSO_4 + 4C \rightleftharpoons FeS + 4CO \tag{4-9}$$

查阅文献[1]，得到方程式（4-9）各物质的相关热力学数据，见表 4-1。

表 4-1 方程式（4-9）各物质的相关热力学数据

物质	$\Delta H_f^{\ominus} / (kJ/mol)$	$\Delta S^{\ominus} / [J/(K \cdot mol)]$
$FeSO_4$	−928.848	120.959
C	0	5.732
FeS	−100.416	60.291
CO	−110.541	197.527

根据第一近似方程：

$$\Delta G_f^{\ominus} = \Delta H - \Delta S^{\ominus} \cdot T \tag{4-10}$$

$$\Delta G_f^{\ominus} = \Delta H_f^{\ominus} - \Delta S^{\ominus} \cdot T = (-4 \times 110.541 - 100.416 + 928.848) \times 1000$$
$$- (4 \times 197.527 + 60.291 - 4 \times 5.732 - 120.959) \cdot T = 386268 - 706.512 \cdot T$$

从热力学计算可以看出，当 $386268 - 706.512T = 0$ 时，可计算出方程式（4-9）开始还原温度为 546.725K。

2. 富集铂原理

针对含铂铁锍，加稀硫酸选择浸出铁，经过滤和洗涤，获得铂富集物和硫酸亚铁溶液。铂富集物加硫酸浆化后，再加氯酸钠溶解铂富集物，获得溶解液和渣。溶解液采用732 树脂交换脱出贱金属，获得纯净的含铂溶液，加热浓缩控制铂含量在 15～20g/L，加氯化铵沉淀，获得氯铂酸铵沉淀，用稀氯化铵溶液洗涤，烘干，得到氯铂酸铵。

$$FeS + H_2SO_4 \rightleftharpoons FeSO_4 + H_2S\uparrow \tag{4-11}$$

---

[1] 叶大伦，胡建华. 实用无机物热力学数据手册. 2 版. 北京：冶金工业出版社，2002.

4.2.2　提取工艺流程

失效氧化铝载体铂铼催化剂焙烧 3h 后，经球磨，与硫酸亚铁、还原剂、熔剂与造渣剂混合均匀，进行还原造锍熔炼，捕集失效铝基催化剂中的铂，分别得到了铁锍和熔炼渣，铁锍经水淬、烘干、球磨后，加稀硫酸浸出铁获得铂富集物，硫酸亚铁溶液经浓缩结晶后返回配料使用。铂富集物加硫酸浆化，再加氯酸钠溶解铂，获得含铂溶解液，采用 732 树脂交换脱出贱金属，获得纯净的含铂溶液，经加热浓缩到含铂 15～25g/L，加氯化铵沉淀，过滤，加稀氯化铵溶液洗涤，烘干，得到氯铂酸铵。全流程的工艺流程如图 4-1 所示。

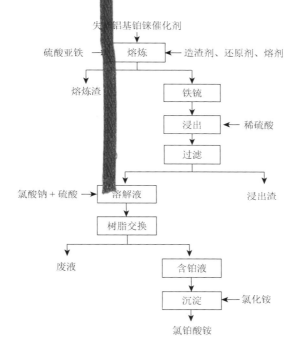

图 4-1　失效氧化铝载体铂铼催化剂提取铂工艺流程

4.2.3　加硫酸亚铁熔炼捕集失效催化剂中铂实验

1. 硫酸亚铁加入量对铂捕集率的影响

研究条件：还原铁粉加入量为失效催化剂重量的 50%，石英砂加入量为失效催化剂重量的 2 倍，石灰石加入量为失效催化剂重量的 2 倍，木炭加入量为失效催化剂重量的 20%，氟化钙加入量为失效催化剂重量的 30%，硼砂加入量为失效催化剂重量的 20%，碳酸钠加入量为失效催化剂重量的 20%，改变硫酸亚铁加入量为失效催化剂重量的倍数，在熔炼炉中 1350℃下，熔炼 30min，考察硫酸亚铁加入量对铂捕集率的影响，结果见图 4-2。

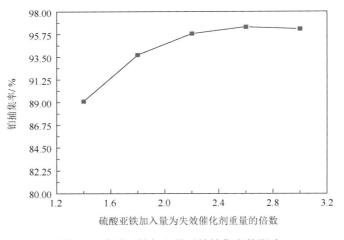

图 4-2 　硫酸亚铁加入量对铂捕集率的影响

如图 4-2 所示，随着硫酸亚铁加入量的增加，铂捕集率提高，硫酸亚铁加入量为失效催化剂重量的 1.8～2.6 倍时，铂捕集率缓慢上升，在加入量为失效催化剂的 2.6 倍时达到最大，铂捕集率为 96.44%。硫酸亚铁的加入量决定着铂捕集率的高低，加入量过低或过高都会影响铂捕集率，综合考虑硫酸亚铁的加入量为失效催化剂的 2.6 倍。

2. 石英砂加入量对铂捕集率的影响

研究条件：硫酸亚铁加入量为失效催化剂重量的 2.2 倍，还原铁粉加入量为失效催化剂重量的 50%，石灰石加入量为失效催化剂重量的 1 倍，木炭加入量为失效催化剂重量的 20%，氟化钙加入量为失效催化剂重量的 30%，硼砂加入量为失效催化剂重量的 20%，碳酸钠加入量为失效催化剂重量的 20%，改变石英砂的加入量，在熔炼炉中 1350℃下，熔炼 30min，考察石英砂加入量对铂捕集率的影响，结果见图 4-3。

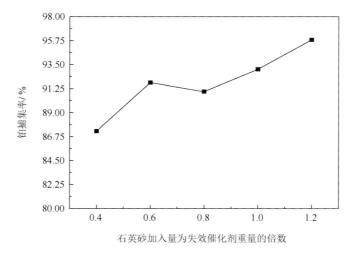

图 4-3 　石英砂加入量对铂捕集率的影响

从图 4-3 可以看出,石英砂加入量为失效催化剂重量的 40%～60%时对铂捕集率影响显著,从捕集率 87.28%提高至 91.82%,提高了 4.54 个百分点。随着石英砂加入量的增加,铂捕集率持续上升,石英砂的加入量越小,铂捕集率越低。

3. 石灰石加入量对铂捕集率的影响

研究条件:硫酸亚铁加入量为失效催化剂重量的 2.2 倍,还原铁粉加入量为失效催化剂重量的 50%,石英砂加入量为失效催化剂重量的 2 倍,木炭加入量为失效催化剂重量的 20%,氟化钙加入量为失效催化剂重量的 30%,硼砂加入量为失效催化剂重量的 20%,碳酸钠加入量为失效催化剂重量的 20%,改变石灰石的加入量,在熔炼炉中 1350℃下,熔炼 30min,考察石灰石加入量对铂捕集率的影响,结果见图 4-4。

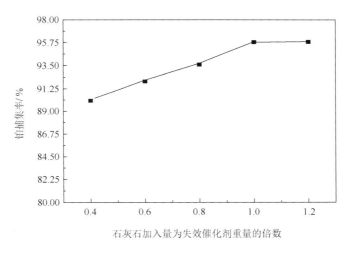

图 4-4　石灰石加入量对铂捕集率的影响

从图 4-4 可以看出,石灰石加入量为失效催化剂重量的 0.5～1 倍对铂捕集率的影响显著。随着石灰石加入量的增加,铂捕集率逐渐上升,石灰石加入量为失效催化剂重量的 1 倍时,铂捕集率趋于平缓,铂捕集率为 95.84%。

4. 还原铁粉加入量对铂捕集率的影响

研究条件:硫酸亚铁加入量为失效催化剂重量的 2.2 倍,石英砂加入量为失效催化剂重量的 2 倍,石灰石加入量为失效催化剂重量的 1 倍,木炭加入量为失效催化剂重量的 20%,氟化钙加入量为失效催化剂重量的 30%,硼砂加入量为失效催化剂重量的 20%,碳酸钠加入量为失效催化剂重量的 20%,在熔炼炉中 1350℃下,熔炼 30min,考察还原铁粉加入量对铂捕集率的影响,结果见图 4-5。

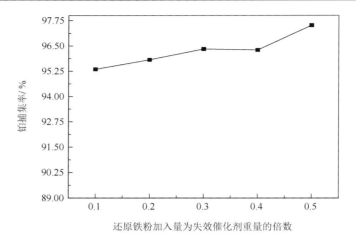

图 4-5　还原铁粉加入量对铂捕集率的影响

　　从图 4-5 可以看出，随着还原铁粉加入量的增加，铂捕集率逐渐上升。在还原铁粉加入量为失效催化剂重量的 10%增加到 50%的过程中，铂捕集率从 95.35%提高至 97.52%，仅提高了 2 个百分点左右，说明还原铁粉加入量对铂捕集率的影响并不大。

　　5. 碳酸钠加入量对铂捕集率的影响

　　研究条件：硫酸亚铁加入量为失效催化剂重量的 2.2 倍，还原铁粉加入量为失效催化剂重量的 20%，石英砂加入量为失效催化剂重量的 2 倍，石灰石加入量为失效催化剂重量的 1 倍，木炭加入量为失效催化剂重量的 20%，氟化钙加入量为失效催化剂重量的 30%，硼砂加入量为失效催化剂重量的 20%，改变碳酸钠加入量，在熔炼炉中 1350℃下，熔炼30min，考察碳酸钠加入量对铂捕集率的影响，结果见图 4-6。

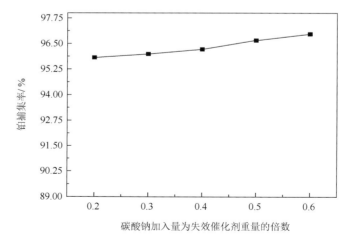

图 4-6　碳酸钠加入量对铂捕集率的影响

从图 4-6 可以看出，随碳酸钠加入量的增加，铂捕集率整体呈上升的趋势，但是碳酸钠加入量对铂捕集率的影响不大，在加入量为失效催化剂重量的 20%～60%时铂捕集率均在 95%以上。

6. 硼砂加入量对铂捕集率的影响

研究条件：硫酸亚铁加入量为失效催化剂重量的 2.2 倍，还原铁粉为失效催化剂重量的 20%，石英砂加入量为失效催化剂重量的 2 倍，石灰石加入量为失效催化剂重量的 1 倍，木炭加入量为失效催化剂重量的 20%，氟化钙加入量为失效催化剂重量的 30%，碳酸钠加入量为失效催化剂重量的 20%，改变硼砂加入量，在熔炼炉中 1350℃下，熔炼 30min，考察碳酸钠加入量对铂捕集率的影响，结果见图 4-7。

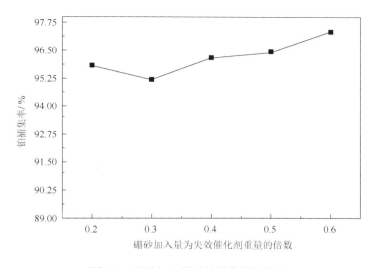

图 4-7　硼砂加入量对铂捕集率的影响

从图 4-7 可以看出，铂捕集率在硼砂加入量为失效催化剂重量的 20%～30%内明显下降。当硼砂加入量超过失效催化剂重量的 30%时，铂捕集率逐渐上升。

7. 氟化钙加入量对铂捕集率的影响

研究条件：硫酸亚铁加入量为失效催化剂重量的 2.2 倍，还原铁粉为失效催化剂重量的 20%，石英砂加入量为失效催化剂重量的 2 倍，石灰石加入量为失效催化剂重量的 1 倍，木炭加入量为失效催化剂重量的 20%，碳酸钠加入量为失效催化剂重量的 20%，硼砂加入量为失效催化剂重量的 20%，改变氟化钙加入量，在熔炼炉中 1350℃下，熔炼 30min，考察氟化钙加入量对铂捕集率的影响，结果见图 4-8。

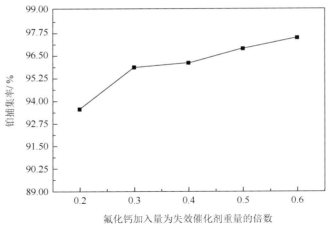

图 4-8   氟化钙加入量对铂捕集率的影响

从图 4-8 可以看出，氟化钙加入量为失效催化剂重量的 20%～30% 范围内，对铂的捕集率影响显著，当超过失效催化剂重量的 30% 时，铂的捕集率缓慢增加。氟化钙加入量的增加，必然导致铂捕集率的增加，这可能是由于氟化钙的加入，降低了炉料的熔点，从而使炉料反应充分，流动性更好。在氟化钙加入量为失效催化剂重量的 60% 时，铂捕集率达到最高，为 97.41%。

4.2.4   熔炼产物表征

采用 X 射线衍射仪对造锍熔炼所产生的铁锍和熔炼渣进行物相分析，分析结果见图 4-9 和图 4-10。

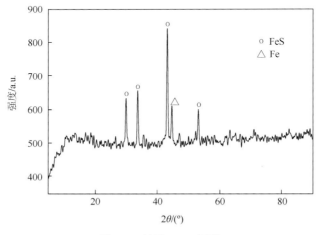

图 4-9   铁锍 XRD 图谱

从图 4-9 可以看出，铁锍的主要物相为 FeS，有少量 Fe，其他物质未呈现出。从图 4-10 可以看出熔炼渣的主要物相为 $CaO·Al_2O_3·2SiO_2$，为三元渣系，其他物质未呈现出。

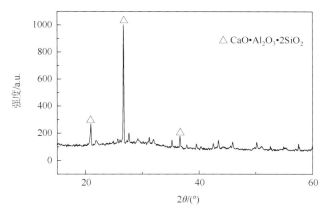

图 4-10　熔炼渣 XRD 图谱

4.2.5　稀酸选择性浸出铁锍中铁富集铂的实验

1. 硫酸浓度对铂富集比的影响

研究条件：浸出温度为 65℃、液固比 5∶1（即加入 100mL 浓硫酸），浸出 2h，浸出结束后抽滤并洗涤滤渣，测定滤液体积并收集送分析，烘干渣称重，计算铂的富集比，不同硫酸浓度对铂富集比的影响如图 4-11 所示。从图 4-11 可以看出，随着硫酸浓度的增加，铂富集比呈直线上升，当硫酸浓度为 10%时，铂的富集比仅为 1.40，当硫酸浓度提高到 40%时，铂的富集比达到 13.33，增加了 11.93，说明硫酸浓度对铂的富集比影响显著；当继续增加硫酸浓度后发现富集比降低了，主要原因为硫酸浓度高，生成的硫化氢被氧化生成元素硫并进入浸出渣中，降低了富集比。采用 X 射线衍射仪对浸出渣进行表征，结果见图 4-12。从图 4-12 可以看出，浸出渣中主要物相为元素硫，进一步说明了浸出不是硫酸浓度越高越好。因此，选择硫酸浓度为 40%。

$$H_2SO_4 + H_2S \longrightarrow 2H_2O + SO_2 + S\downarrow \qquad (4\text{-}12)$$

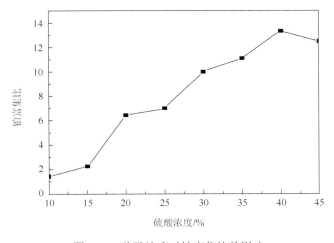

图 4-11　硫酸浓度对铂富集比的影响

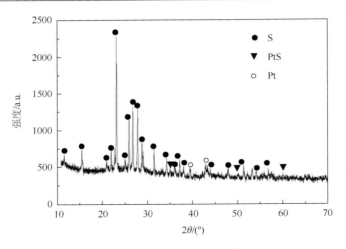

图 4-12　浸出渣 XRD 图谱

2. 浸出温度对铂富集比的影响

研究条件：液固比 5：1、硫酸浓度为 40%、浸出时间 2h，浸出结束后洗涤过滤滤渣，测定滤液体积并收集送分析，烘干渣称重，计算铂的富集比，浸出温度对铂富集比的影响如图 4-13 所示。

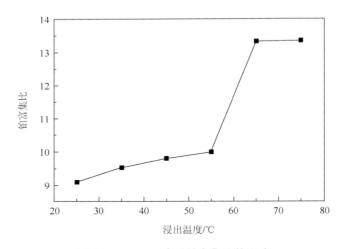

图 4-13　浸出温度对铂富集比的影响

从图 4-13 可以看出：浸出温度在 25～65℃范围内，浸出温度逐渐升高，铂富集比也逐渐上升，从 45℃时的 7.68 增加到了 65℃时的 13.33，说明此时富集效果受浸出温度影响显著。当浸出温度达到 65℃时，富集效果较好，达到了 13.33，之后随着浸出温度的升高，铂富集比保持平稳。因此，可看出当浸出温度为 25～65℃，铂富集比受温度影响显著；当温度达到 65℃后富集效果受温度影响较小；浸出温度为 65℃时，温度适宜。

3. 浸出时间对铂富集比的影响

研究条件：液固比 5：1，浸出温度 65℃，硫酸浓度 40%，浸出时间 2h，浸出结束后抽滤并洗涤滤渣，测定滤液体积并收集送分析，烘干渣称重，计算铂的富集比，浸出时间对铂富集比的影响，结果如图 4-14 所示。

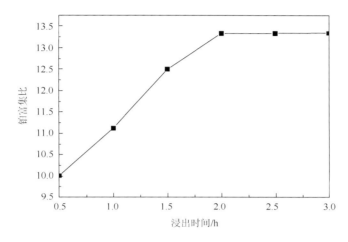

图 4-14　浸出时间对铂富集比的影响

从图 4-14 可以看出，当硫酸浓度为 40%，温度为 65℃时，浸出时间在 0.5～2h 范围内，随着浸出时间的增长，铂富集比逐渐提高，上升趋势明显，浸出时间在 2h 后随着浸出时间的增长，铂富集比并没有较大增长趋势，变化不大。综合考虑，最佳浸出时间为 2h，此时铂富集比达到了 13.33。

4. 液固比对铂富集比的影响

研究条件：浸出温度控制为 65℃，浸出时间 2h，硫酸浓度 40%不变，浸出结束后抽滤并洗涤滤渣，测定滤液体积并收集送分析，烘干渣称重，计算铂的富集比。不同液固比对铂富集比的影响如图 4-15 所示。

从图 4-15 可以看出，液固比从 2：1 到 5：1 逐渐增大时，铂富集比也不断增大，当液固比为 5：1 时，与其他液固比相比较下其富集比最高，富集效果最好，达到了 13.33。当液固比为 6：1 时，硫酸氧化硫化氢生成元素硫，进入浸出渣中，铂富集比明显又降低了，所以综合考虑，液固比选用 5：1 更合适，此时的铂富集比为 13.33，富集效果更好。

4.2.6　综合实验

最佳工艺参数：硫酸浓度为 40%，浸出温度为 65℃，浸出时间为 2h，液固比为 5：1。

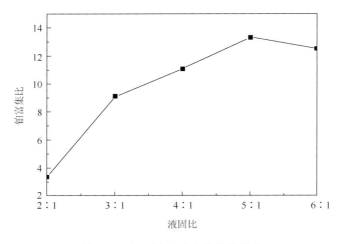

图 4-15　液固比对铂富集比的影响

为此，按此条件进行实验，铂富集比为 13.33。采用 X 射线衍射仪对浸出渣进行表征，结果见图 4-16。采用扫描电镜及能谱仪（energy dispersive spectrometer，EDS）对富集渣物料不同点进行分析，结果见图 4-17 和图 4-18。

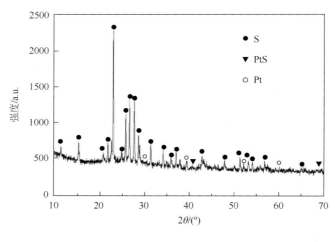

图 4-16　浸出渣 XRD 图谱

4.2.7　铂富集物提取

针对铂富集物，采用加氯酸钠和硫酸氧化浸出，液固比在 5∶1，氯酸钠浓度为 15%，盐酸浓度为 10%，浸出温度为 95℃，浸出时间 3h，搅拌转速为 250r/min。在此条件下，铂浸出率为 99.66%。浸出液用 732 树脂交换脱出金属阳离子杂质，获得纯的含铂溶液，加热浓缩，控制铂含量为 15～20g/L，加氯化铵沉淀，加稀氯化铵洗涤，经烘干，得到氯铂酸铵。

图 4-17 富集渣物料的表面形貌及其 EDS 面扫描能谱图 1

图 4-18 富集渣物料的表面形貌及其 EDS 面扫描能谱图 2

4.2.8 小结

（1）捕集工艺参数：硫酸亚铁加入量为失效催化剂重量的 2.2 倍，还原铁粉为失效催化剂重量的 20%，石英砂加入量为失效催化剂重量的 2 倍，石灰石加入量为失效催化剂重量的 1 倍，木炭加入量为失效催化剂重量的 20%，碳酸钠加入量为失效催化剂重量的 20%，硼砂加入量为失效催化剂重量的 20%，氟化钙为失效催化剂重量的 60%，在熔炼炉中 1350℃ 下，熔炼 30min，铂捕集率达到 97.41%。

（2）铁锍浸出最佳工艺参数为硫酸浓度 40%，液固比 5：1，时间 2h，温度 65℃。在此条件下，铂富集比达到了 13.33，富集效果好。

4.3 加硫酸镍熔炼捕集失效催化剂中铂及提取技术

4.3.1 捕集及富集原理

1. 捕集原理

失效氧化铝载体铂铼催化剂焙烧后与一定比例的硫酸镍、造渣剂、熔剂、还原剂混合，在高温还原熔炼过程中载体三氧化二铝与加入的石英砂、石灰造 $CaO \cdot Al_2O_3 \cdot 2SiO_2$ 三元渣，同时硫酸镍与碳发生反应生成以二硫化三镍为主的锍并捕集铝基催化剂中的铂；锍比重大于熔渣，并沉于熔炼坩埚底部，实现锍与渣分离。相关反应方程如下：

$$6C + 3NiSO_4 \Longrightarrow Ni_3S_2 + S + 6CO_2 \uparrow \tag{4-13}$$

2. 富集原理

针对含铂镍锍，需要进行氧化浸出镍锍中的镍，氧化剂为过氧化氢、臭氧、氧气、氯化铁、硫酸高铁等，相关反应如下：

$$Ni_3S_2 + 6Fe^{3+} \Longrightarrow 3Ni^{2+} + 6Fe^{2+} + 2S \downarrow \tag{4-14}$$

$$Ni_3S_2 + O_3 + 6H^+ \Longrightarrow 3Ni^{2+} + 2S \downarrow + 3H_2O \tag{4-15}$$

$$Ni_3S_2 + 3H_2O_2 + 6H^+ \Longrightarrow 3Ni^{2+} + 2S \downarrow + 6H_2O \tag{4-16}$$

$$2Ni_3S_2 + 3O_2 + 12H^+ \Longrightarrow 6Ni^{2+} + 4S \downarrow + 6H_2O \tag{4-17}$$

4.3.2 提取工艺流程

镍锍与酸混合，按要求加入氧化剂或通入臭氧等，控制浸出温度，浸出结束，过滤和洗涤，获得浸出液和含铂浸出渣，即铂富集物。针对铂富集物，先加硫酸浆化，再加氯酸钠溶解铂，获得含铂溶解液，采用 732 树脂交换脱出贱金属，获得纯净的含铂溶液，经加热浓缩到含铂 15～25g/L，加氯化铵沉淀，过滤，加稀氯化铵洗涤，烘干，得到氯铂酸铵。全流程的工艺流程如图 4-19 所示。

4.3.3 加硫酸镍熔炼捕集失效催化剂中铂实验

1. 硫酸镍加入量对铂捕集率的影响

研究条件：还原铁粉加入量为失效催化剂重量的 50%，石英砂加入量为失效催化剂重量的 2 倍，石灰石加入量为失效催化剂重量的 1 倍，木炭加入量为失效催化剂重量的 20%，氟化钙加入量为失效催化剂重量的 30%，硼砂加入量为失效催化剂重量的 20%，碳酸钠加入量为失效催化剂重量的 20%，改变硫酸镍加入量，在熔炼炉中 1350℃下，熔炼 30min，考察硫酸镍加入量对铂捕集率的影响，结果见图 4-20。

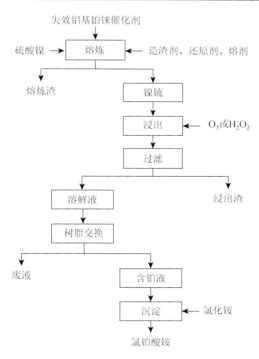

图 4-19 加硫酸镍熔炼捕集失效催化剂中铂及提取的工艺流程

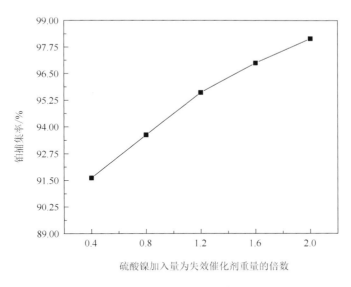

图 4-20 硫酸镍加入量对铂捕集率的影响

由图 4-20 可知，随着硫酸镍加入量的增加，铂捕集率逐渐增加，当硫酸镍加入量为失效催化剂重量的 40% 时，铂的捕集率为 91.72%；当硫酸镍加入量为失效催化剂重量的 2 倍时，铂的捕集率为 98.15%。硫酸镍加入量从 40% 到 2 倍，铂捕集率提高了 6.43 个百分点，说明硫酸镍的加入量对铂捕集率有着显著的影响，硫酸镍为铂的优良捕集剂。

2. 石英砂加入量对铂捕集率的影响

研究条件：硫酸镍加入量为失效催化剂重量的 2 倍，还原铁粉加入量为失效催化剂重量的 50%，石灰石加入量为失效催化剂重量的 1 倍，木炭加入量为失效催化剂重量的 20%，氟化钙加入量为失效催化剂重量的 30%，硼砂加入量为失效催化剂重量的 20%，碳酸钠加入量为失效催化剂重量的 20%，改变石英砂加入量，在熔炼炉中 1350℃下，熔炼 30min，考察石英砂加入量对铂捕集率的影响，结果见图 4-21。

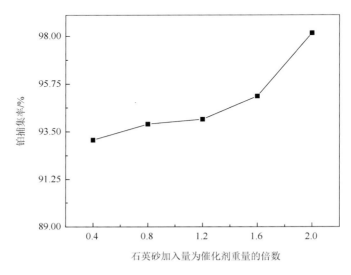

图 4-21　　石英砂加入量对铂捕集率的影响

从图 4-21 可以看出，随着石英砂加入量的增加，铂捕集率逐渐增加。石英砂加入量为失效催化剂重量的 0.4～1.6 倍内，石英砂加入量对铂捕集率的影响不显著，石英砂加入量超过 1.6 倍时，铂捕集率急剧上升。

3. 石灰石加入量对铂捕集率的影响

研究条件：硫酸镍加入量为失效催化剂重量的 2 倍，还原铁粉加入量为失效催化剂重量的 50%，石英砂加入量为失效催化剂重量的 2 倍，木炭加入量为失效催化剂重量的 20%，氟化钙加入量为失效催化剂重量的 30%，硼砂加入量为失效催化剂重量的 20%，碳酸钠加入量为失效催化剂重量的 20%，改变石灰石加入量，在熔炼炉中 1350℃下，熔炼 30min，考察石灰石加入量对铂捕集率的影响，结果见图 4-22。

从图 4-22 可以看出，随着石灰石加入量的增加，铂捕集率先增加后下降。石灰石加入量为失效铝基催化剂重量的 80%时，铂捕集率为 94.70%，石灰石加入量为失效铝基催化剂重量的 1.0 倍时，铂捕集率为 98.15%，提高了 3.45 个百分点，说明石灰石加入量为80%到 1.0 倍对铂的捕集率的影响较为显著，在 1.0 倍时，铂捕集率达到最大，为 98.15%。当石灰石加入量超过 1 倍时，铂捕集率逐渐下降。石灰石加入量的多少会影响铂捕集率。

综合考虑，石灰石加入量为失效铝基催化剂重量比的 1 倍，对铂的捕集效果好。

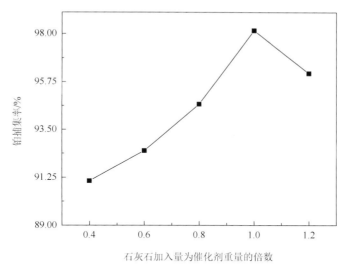

图 4-22　石灰石加入量对铂捕集率的影响

4. 还原铁粉加入量对铂捕集率的影响

研究条件：硫酸镍加入量为失效催化剂重量的 2 倍，石英砂加入量为失效催化剂重量的 2 倍，石灰石加入量为失效催化剂重量的 1 倍，木炭加入量为失效催化剂重量的 20%，氟化钙加入量为失效催化剂重量的 30%，硼砂加入量为失效催化剂重量的 20%，碳酸钠加入量为失效催化剂重量的 20%，在熔炼炉中 1350℃下，熔炼 30min，考察还原铁粉加入量对铂捕集率的影响，结果见图 4-23。

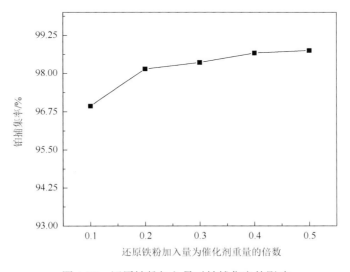

图 4-23　还原铁粉加入量对铂捕集率的影响

从图 4-23 可以看出，还原铁粉加入量对铂的捕集率影响不大。随着还原铁粉加入量的增加，铂捕集率逐渐增大。还原铁粉加入量为失效催化剂重量的 40%时铂的捕集率为 98.67%，还原铁粉加入量为失效催化剂重量的 50%时铂的捕集率为 98.76%，仅增加了 0.09 个百分点，说明还原铁粉在此范围内对铂的捕集率影响不大。综合考虑，还原铁粉的加入量为失效催化剂重量的 40%。

5. 碳酸钠加入量对铂捕集率的影响

研究条件：硫酸镍加入量为失效催化剂重量的 2 倍，还原铁粉为失效催化剂重量的 20%，石英砂加入量为失效催化剂重量的 2 倍，石灰石加入量为失效催化剂重量的 1 倍，木炭加入量为失效催化剂重量的 20%，氟化钙加入量为失效催化剂重量的 30%，硼砂加入量为失效催化剂重量的 20%，改变碳酸钠加入量，在熔炼炉中 1350℃下，熔炼 30min，考察碳酸钠加入量对铂捕集率的影响，结果见图 4-24。

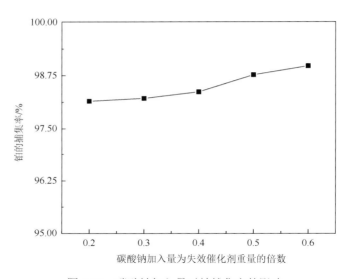

图 4-24　碳酸钠加入量对铂捕集率的影响

从图 4-24 可以看出，随着碳酸钠加入量的增加，铂捕集率逐渐升高。在碳酸钠加入量为失效催化剂重量的 40%～50%时，铂捕集率从 98.36%快速增加到 98.77%，继续增加碳酸钠的加入量，铂捕集率继续上升。

6. 硼砂加入量对铂捕集率的影响

研究条件：硫酸镍加入量为失效催化剂重量的 2 倍，还原铁粉为失效催化剂重量的 0.2 倍，石英砂加入量为失效催化剂重量的 2 倍，石灰石加入量为失效催化剂重量的 1 倍，木炭加入量为失效催化剂重量的 20%，氟化钙加入量为失效催化剂重量的 30%，碳酸钠加入量为失效催化剂重量的 20%，改变硼砂加入量，在熔炼炉中 1350℃下，熔炼 30min，考察碳酸钠加入量对铂捕集率的影响，结果见图 4-25。

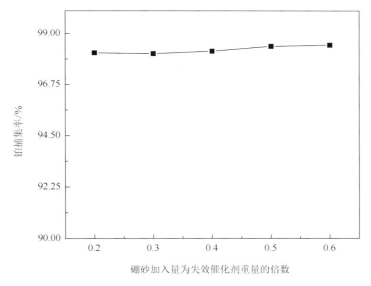

图 4-25　硼砂加入量对铂捕集率的影响

　　由图 4-25 可知，在硼砂加入量为失效催化剂重量的 20%～60% 时，铂捕集率从 98.15% 增加到 98.49%，仅增加了 0.34 个百分点，说明硼砂加入量对铂捕集率的影响不大。

　　7. 氟化钙加入量对铂捕集率的影响

　　研究条件：硫酸亚铁加入量为失效催化剂重量的 2.2 倍，还原铁粉为失效催化剂重量的 20%，石英砂加入量为失效催化剂重量的 2 倍，石灰石加入量为失效催化剂重量的 1 倍，木炭加入量为失效催化剂重量的 20%，碳酸钠加入量为失效催化剂重量的 20%，硼砂加入量为失效催化剂重量的 20%，改变氟化钙加入量，在熔炼炉中 1350℃ 下，熔炼 30min，考察氟化钙加入量对铂捕集率的影响，结果见图 4-26。

　　由图 4-26 可知，在氟化钙加入量为失效催化剂重量的 20% 增加到 30% 时，铂捕集率从 96.88% 快速提高至 98.15%，继续增加氟化钙加入量，氟化钙加入量为失效催化剂重量的 50% 时，铂捕集率达到最大，为 98.71%。继续增加氟化钙的加入量，铂捕集率下降。

4.3.4　熔炼产物表征

　　采用 X 射线衍射仪对造锍熔炼所产生的镍锍和熔炼渣进行物相分析，分析结果见图 4-27 和图 4-28。

　　从图 4-27 中可以看出，镍锍的主要物相为 $(Ni, Fe)_9S_8$ 和 Ni_3S_2，其他物质未呈现出。从图 4-28 可以看出，熔炼渣的主要物相为 $CaO·Al_2O_3·2SiO_2$，为三元渣系，其他物质未呈现出。

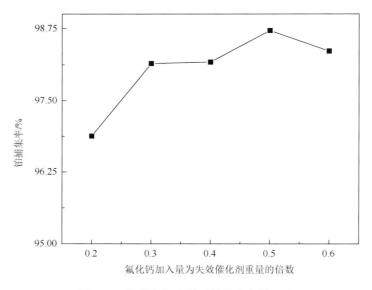

图 4-26　氟化钙加入量对铂捕集率的影响

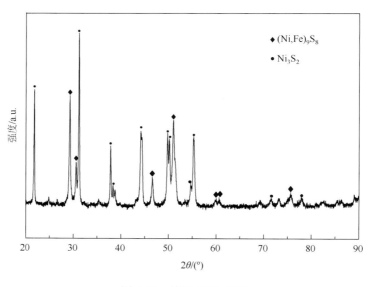

图 4-27　镍锍 XRD 图谱

4.3.5　稀酸选择性浸出镍锍中镍富集铂的实验

1. 臭氧氧化实验

1）臭氧通入时间对铂富集比的影响

浸出温度 70℃、镍锍粒度为 $-100\sim +120$ 目、硫酸浓度 40%，臭氧通入反应时间对铂富集比的影响见图 4-29。

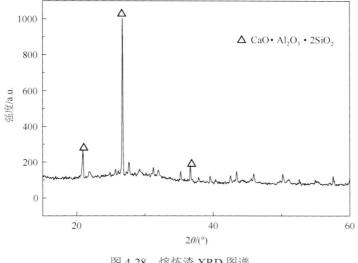

图 4-28 熔炼渣 XRD 图谱

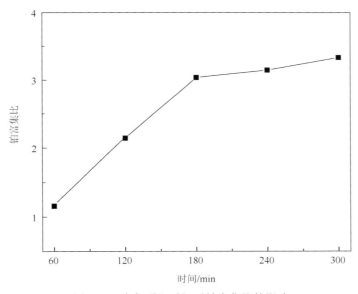

图 4-29 臭氧通入时间对铂富集比的影响

由图 4-29 可知,随着通入臭氧的时间逐渐增加,铂富集比逐渐增加,60～180min 时斜率较大,铂富集比增加较为明显,铂富集比从 1.12 变化到 3.04,180～300min 时增加较小,铂富集比从 3.04 变化到 3.34。在实际生产运营过程中,物料在浸出反应槽中的反应时间是影响产出的重要指标。增加反应时间会降低生产效率,增加生产成本,选择浸出时间为 300min,此时铂富集比为 3.34。

2)反应温度对铂富集比的影响

镍锍粒度为–100～+120 目、硫酸浓度 40%、反应时间为 300min,反应温度对铂富集比的影响见图 4-30。

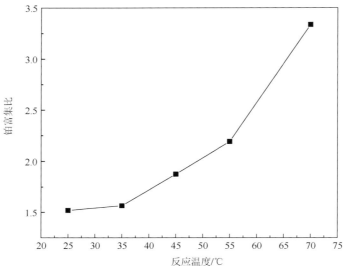

图 4-30　反应温度对铂富集比的影响

由图 4-30 可知，铂富集比随温度的升高而增大。温度为 35～55℃时，铂富集比从 1.57 变化到 2.19；温度为 55～70℃时，铂富集比从 2.19 变化到 3.34，虽然提高浸出温度可以提高铂富集比，但考虑升温成本、反应容器耐温性能，选择浸出温度 70℃，此时铂富集比为 3.34。

2. 过氧化氢氧化实验

1）过氧化氢用量对铂富集比的影响

浸出温度 90℃、硫酸浓度 40%、镍锍粒度−100～＋120 目、反应时间为 60min，过氧化氢用量对铂富集比的影响见图 4-31。

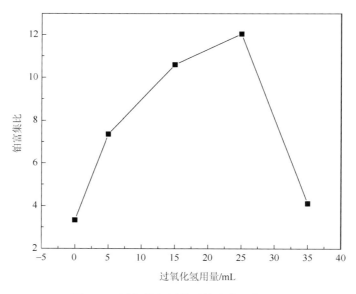

图 4-31　过氧化氢用量对铂富集比的影响

由图 4-31 可知，在 0～25mL 时，随着过氧化氢的用量增加，铂富集比也在逐渐增大；在过氧化氢用量为 25mL 时铂富集比达到最大，为 12.04，当过氧化氢用量超过 25mL 时铂富集比减小。开始反应时 H_2O_2 过量，发生如下反应：

$$H_2S + 4H_2O_2 \Longrightarrow H_2SO_4 + 4H_2O \tag{4-18}$$

由方程式（4-18）可知，H_2O_2 直接将 H_2S 氧化为 H_2SO_4。随着反应进行，H_2O_2 被消耗，量逐渐变少，发生如下反应：

$$H_2S + H_2O_2 \Longrightarrow S + 2H_2O \tag{4-19}$$

由反应方程式（4-19）可知，当过氧化氢少量时把 H_2S 氧化为 S，导致铂富集比下降。25mL 以后继续增加过氧化氢用量会导致铂富集比下降，同时还会增加成本。综合考虑，过氧化氢用量为 25mL 为宜，此时铂富集比为 12.04。

2）硫酸浓度对铂富集比的影响

浸出温度 90℃、镍锍粒度 −100～ +120 目、反应时间 60min，硫酸浓度对铂富集比的影响如图 4-32 所示。

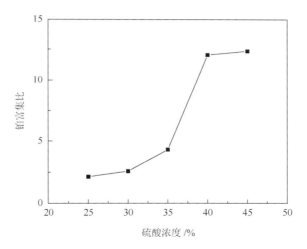

图 4-32　硫酸浓度对铂富集比的影响

由图 4-32 可知，随着硫酸浓度的提高，铂富集比不断增大，在 45% 时达到最大，为 12.34。在硫酸浓度 25%～35% 时，铂富集比从 2.59 变化到 4.31，硫酸浓度对铂富集比影响较小。在硫酸浓度 35%～40% 时，铂富集比变化达到最大，铂富集比从 4.31 变化到 12.04。在硫酸浓度 40%～45% 时，铂富集比变化很小。硫酸浓度为 40% 时，铂富集比为 12.04。硫酸浓度为 40% 与 45% 时相比，铂富集比变化不大，继续增加硫酸浓度，会导致成本增加，对浸出设备耐酸性能有更高要求，同时也会给环境带来更大污染。综合考虑，选择硫酸浓度为 40%，此时铂富集比为 12.04。

3）反应时间对铂富集比的影响

浸出温度 90℃、镍锍粒度 −100～ +120 目、硫酸浓度 40%，反应时间对铂富集比的影响见图 4-33。

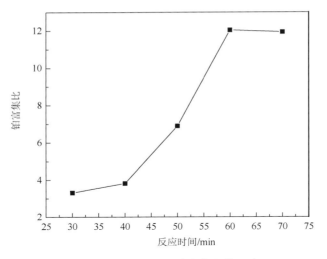

图 4-33　反应时间对铂富集比的影响

由图 4-33 可知，随着反应时间的增加铂富集比不断增大，其中，40～60min 时铂富集比增加最为明显，铂富集比从 3.82 变化到 12.04，在 60min 时铂富集比达到最大 12.04。继续延长反应时间，铂富集比趋于平缓，增加反应时间会降低生产效率，增加成本。综合考虑，选择反应 60min 为最佳时间，此时铂富集比为 12.04。

4.3.6　富集渣 XRD 图谱

采用 X 射线衍射仪对富集渣进行表征，结果见图 4-34。

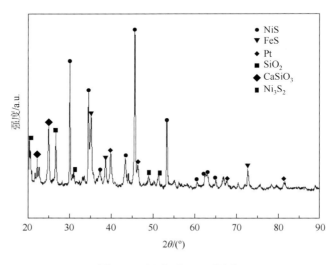

图 4-34　浸出后 XRD 图谱

XRD 分析结果显示：浸出后主要物相为 NiS，浸出后(Ni, Fe)$_9$S$_8$ 相消失；Ni$_3$S$_2$ 部分被浸出，浸出过程中生成新相 NiS，还有少量的 Pt。富集前后 XRD 图谱对比发现富集前无 Pt 物相，富集后出现 Pt 物相。

　　采用扫描电镜对富集渣物料中点进行分析，结果见图 4-35 和图 4-36。从图 4-35 和图 4-36 可以看出，富集渣中主要元素为硫、镍，少量为硅、铁、氧、铂等，成分均匀，并且与衍射分析结果吻合。

图 4-35　富集渣物料的表面形貌及其 EDS 面扫描能谱图 3

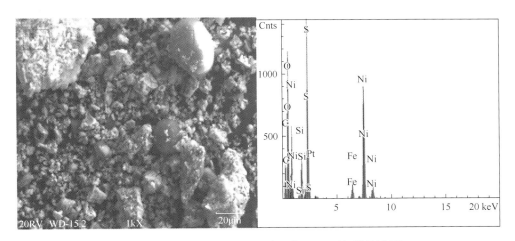

图 4-36　富集渣物料的表面形貌及其 EDS 面扫描能谱图 4

4.3.7　过氧化氢浸出小结

　　通过研究过氧化氢用量、温度、时间、硫酸浓度和通入臭氧时间浸出镍富集铂的实验研究，探究最佳的工艺条件及原料和浸出渣的物相分析，其主要结论如下。

（1）开展了臭氧氧化浸出实验，研究了不同反应时间、反应温度对铂富集比的影响。结果表明，随着反应温度的增加铂富集比逐渐增大，在初始硫酸浓度 40%、反应温度 70℃、反应时间 300min 时，铂富集比为 3.34。

（2）开展了过氧化氢氧化浸出实验，研究了不同反应时间、不同硫酸浓度和不同过氧化氢用量对铂富集比的影响。结果表明，在硫酸浓度和过氧化氢用量相同的条件下，铂富集比随着反应时间的增加而增加，在 60min、70min 时铂富集比相接近，说明在 60min 时反应程度达到最大；在反应时间和过氧化氢用量保持相同的条件下，铂富集比随着硫酸浓度的增加而增加，其中 40%和 45%的铂富集比接近，考虑成本的条件下初始硫酸浓度 40%更适合；在浸出时间和硫酸浓度保持最优的条件下，铂富集比随着过氧化氢用量的增加而增加，当铂富集比达到最大后开始减小。

（3）XRD 分析结果表明，熔炼渣的物相为 Ni_3S_2、$(Ni, Fe)_9S_8$；浸出渣物相主要成分为 Ni_3S_2、NiS。

4.4 加黄铁矿熔炼捕集失效催化剂中铂及提取技术

4.4.1 捕集原理

失效氧化铝载体铂铼催化剂与加入石英砂、造渣剂、熔剂等混合，黄铁矿离解为硫化亚铁和元素硫，硫化亚铁即铁锍，有效捕集铂。相关反应如下：

$$FeS_2 \Longrightarrow FeS + S \qquad (4-20)$$

4.4.2 提取工艺流程

获得含铂铁锍后，加入稀硫酸选择浸出铁，经过滤和洗涤，获得铂富集物和硫酸亚铁溶液。铂富集物加硫酸浆化后，控制液固比，再加氯酸钠溶解铂富集物，获得溶解液和渣。溶解液采用 732 树脂交换脱出贱金属，获得纯净的含铂溶液，加热浓缩控制铂含量在 15～20g/L，加氯化铵沉淀，获得氯铂酸铵沉淀，采用稀氯化铵溶液洗涤，烘干，得到氯铂酸铵产品。

4.4.3 加黄铁矿熔炼捕集失效催化剂中铂实验

1. 硼砂加入量对铂捕集率的影响

研究条件：石英砂加入量为失效催化剂重量的 2 倍，氧化钙加入量为失效催化剂重量的 50%，氟化钙加入量为失效催化剂重量的 15%，黄铁矿加入量为失效催化剂重量的 50%，改变硼砂加入量，在熔炼炉中 1400℃下，熔炼 40min，考察硼砂加入量对铂捕集率的影响，结果见图 4-37。

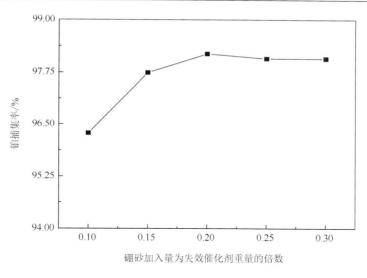

图 4-37　硼砂加入量对铂捕集率的影响

由图 4-37 可知，在硼砂加入量为失效催化剂重量的 10%～15%时，铂的捕集率从 96.29%增加至 97.74%，增加了 1.45 个百分点。当加入量在失效催化剂重量的 20%时，铂捕集率最大，铂捕集率为 98.19%，继续增加硼砂加入量，铂捕集率下降不明显。

2. 石英砂加入量对铂捕集率的影响

研究条件：氧化钙加入量为失效催化剂重量的 50%，硼砂加入量为失效催化剂重量的 15%，氟化钙加入量为失效催化剂重量的 15%，黄铁矿加入量为失效催化剂重量的 50%，改变石英砂加入量，在熔炼炉中 1400℃下，熔炼 40min，考察石英砂加入量对铂捕集率的影响，结果见图 4-38。

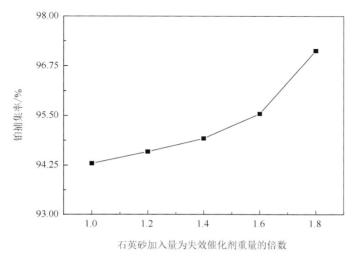

图 4-38　石英砂加入量对铂捕集率的影响

　　由图 4-38 可知，在石英砂加入量为失效催化剂重量的 1 倍增加到 1.6 倍的过程中，铂捕集率逐渐上升，石英砂加入量为失效催化剂重量的 1.6～1.8 倍的过程中，铂捕集率从 95.77%快速增至 97.13%，石英砂加入量的增加对铂捕集率影响效果显著。

　　3. 氧化钙加入量对铂捕集率的影响

　　研究条件：石英砂加入量为失效催化剂重量的 2 倍，硼砂加入量为失效催化剂重量的 15%，氟化钙加入量为失效催化剂重量的 15%，黄铁矿加入量为失效催化剂重量的 50%，改变氧化钙的加入量，在熔炼炉中 1400℃下，熔炼 40min，考察氧化钙加入量对铂捕集率的影响，结果见图 4-39。

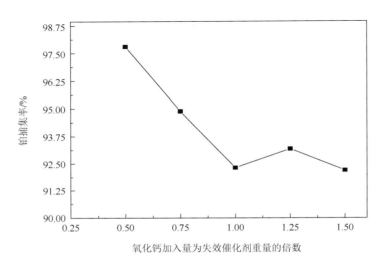

图 4-39　氧化钙加入量对铂捕集率的影响

　　由图 4-39 可知，当氧化钙加入量为失效催化剂重量的 50%～100%时，铂捕集率急剧下降，从 97.85%下降至 92.33%，继续增加氧化钙加入量，铂捕集率趋于平缓，捕集率在 92%上下波动，说明氧化钙的加入量多少决定着铂捕集率的大小，氧化钙加入量越少，铂捕集率越高。

　　4. 氟化钙加入量对铂捕集率的影响

　　研究条件：石英砂加入量为失效催化剂重量的 2 倍，硼砂加入量为失效催化剂重量的 15%，氧化钙加入量为失效催化剂重量的 50%，黄铁矿加入量为失效催化剂重量的 50%，改变氟化钙的加入量，在熔炼炉中 1400℃下，熔炼 40min，考察氟化钙加入量对铂捕集率的影响，结果见图 4-40。

　　由图 4-40 可知，氟化钙加入量对铂捕集率的影响不大。在氟化钙加入量为失效催化剂重量的 10%～30%过程中，铂捕集率在 97%左右，变化不明显。

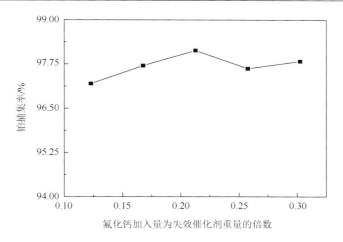

图 4-40　氟化钙加入量对铂捕集率的影响

5. 黄铁矿加入量对铂捕集率的影响

研究条件：石英砂加入量为失效催化剂重量的 2 倍，硼砂加入量为失效催化剂重量的 15%，氧化钙加入量为失效催化剂重量的 50%，氟化钙加入量为失效催化剂重量的 15%，改变黄铁矿的加入量，在熔炼炉中 1400℃下，熔炼 40min，考察黄铁矿加入量对铂捕集率的影响，结果见图 4-41。

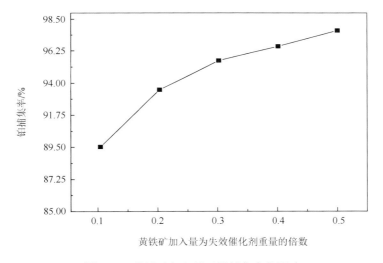

图 4-41　黄铁矿加入量对铂捕集率的影响

由图 4-41 可知，在黄铁矿加入量为失效催化剂重量的 10%增加到 20%的过程中，铂捕集率从 89.54%快速提高至 93.57%，增加了 4.03 个百分点，继续增加黄铁矿加入量，铂捕集率逐渐上升；当黄铁矿加入量为失效催化剂重量的 40%增加到 50%时，铂捕集率从 96.60%快速提高至 97.74%，增加了 1.14 个百分点，铂捕集率增加不明显。

4.4.4　熔炼产物表征

采用 X 射线衍射仪对造锍熔炼所产生的铁锍和熔炼渣进行物相分析，分析结果见图 4-42 和图 4-43。从图 4-42 中可以看出，铁锍的主要物相为 FeS，其他物质未呈现出。从图 4-43 中可以看出，熔炼渣的主要物相为 $CaO \cdot Al_2O_3 \cdot 2SiO_2$，为三元渣系，其他物质未呈现出。

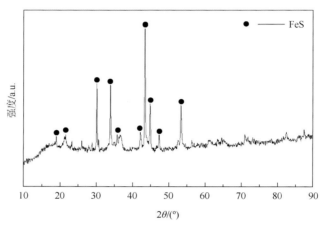

图 4-42　铁锍 XRD 图谱

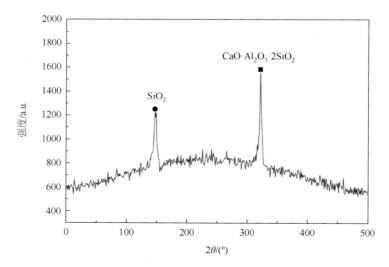

图 4-43　熔炼渣 XRD 图谱

4.4.5　稀酸选择性浸出铁锍中铁富集铂的实验

1. 硫酸浓度对铂富集比的影响

研究条件：液固比为 8∶1，初始温度为 50℃，浸出反应持续时间为 40min，探究硫酸浓度对铂富集比的影响。实验结果如图 4-44 所示。

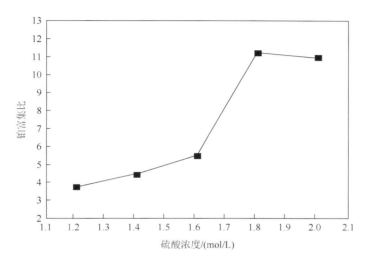

图 4-44　硫酸浓度对铂富集比的影响

从图 4-44 中可以看出，随着硫酸浓度的升高，铂的富集比在不断增大，硫酸浓度在 1.2～1.6mol/L 时，硫酸浓度对铂富集比的影响较小，浓度在 1.6～1.8mol/L 时，铂富集比增长比较迅速，说明硫酸浓度在此区间对铂富集比影响比较显著。在 1.8mol/L 时，铂富集比达到最大，为 11.21 倍。当硫酸浓度超过 1.8mol/L 时，铂富集比随硫酸浓度的增加不明显。

将不同硫酸浓度下得到的不溶渣烘干研磨成粉后，采用 X 射线衍射（XRD）方法进行分析，XRD 图谱如图 4-45 所示。

从图 4-45 可以看出，当硫酸浓度低于 1.8mol/L 时，浸出渣主要物相为硫化亚铁（FeS），说明在此条件下，硫化亚铁未完全浸出；硫酸浓度高于 1.8mol/L 时，浸出渣主要物相为硫单质（S），硫化亚铁未出现衍射峰，说明在此条件下，硫化亚铁被全部浸出，确定最佳硫酸浓度为 1.8mol/L。

2. 液固比对铂富集比的影响

研究条件：硫酸浓度为 1.6mol/L、初始温度为 50℃以及浸出反应持续时间为 40min，探究液固比对铂富集比的影响。实验结果如图 4-46 所示。

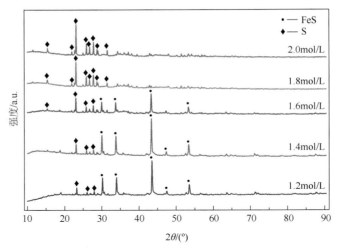

图 4-45 不同硫酸浓度下浸出渣 XRD 图谱

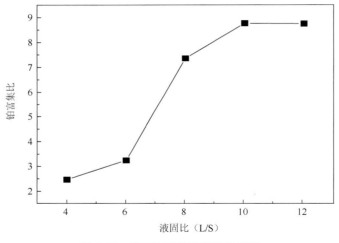

图 4-46 液固比对铂富集比的影响

从图 4-46 中可以看出，随着液固比增大，铂的富集比在不断增加，液固比 4~6 时铂的富集比增长缓慢，液固比 6~10 时铂的富集比呈上升趋势，说明液固比对铂的富集比影响显著，在 10∶1 处铂富集比达到最大。液固比在 10~12 时趋于平缓，说明液固比的变化在此范围内，对铂富集比影响较小。

将不同液固比下得到的浸出渣烘干后，用研钵研磨成粉，采用 X 射线衍射仪进行衍射分析，XRD 图谱如图 4-47 所示。

从图 4-47 中可以看出，在液固比为 4∶1 和 6∶1 时，浸出渣主要物相为硫化亚铁（FeS），说明在此条件下，硫化亚铁未完全浸出；当液固比为 8∶1~12∶1 时，浸出渣的主要物相为硫单质（S），硫化亚铁未出现衍射峰，说明在此条件下，硫化亚铁被全部浸出。通过分析检测，浸出液中未发现铂，说明铂全部富集在浸出渣中。在其他条件不变的情况下，液固比应选择 10∶1，在此条件下达到最大的铂富集比。

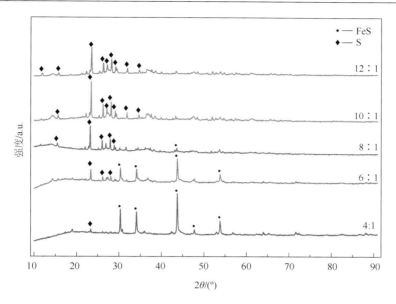

图 4-47　不同液固比下浸出渣 XRD 图谱

3. 初始温度对铂富集比的影响

研究条件：硫酸浓度为 1.6mol/L、浸出时间为 40min 以及液固比为 8：1，探究初始温度对铂富集比的影响，实验结果如图 4-48 所示。

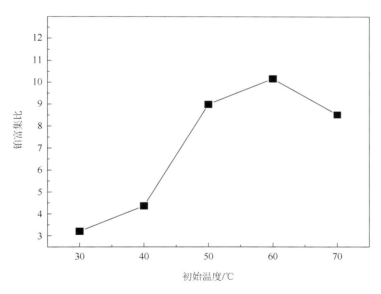

图 4-48　初始温度对铂富集比的影响

从图 4-48 中可以看出，随着初始温度的升高，铂的富集比在不断增加，在 40～50℃，温度对铂富集比影响较大，当温度达到 60℃ 以后，铂富集比随温度的升高而降低。

将不同温度下所得的浸出渣用烘箱烘干，用研钵磨成粉末，采用 X 射线衍射仪进行分析，XRD 图谱如图 4-49 所示。

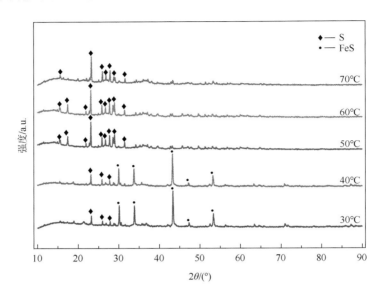

图 4-49　不同温度下浸出渣 XRD 图谱

通过对不同温度下浸出渣的物相检测，从图 4-49 中可以发现，当温度为 30℃ 与 40℃ 时，浸出渣的主要物相为硫化亚铁（FeS），并且含有少量的硫单质，说明硫化亚铁并未被完全浸出；50～70℃ 时，硫化铁并未检测出，铂也未曾检测出，说明硫化亚铁被完全浸出。浸出实验的最佳温度为 60℃，在此条件下，所得浸出渣最少，且铂的富集比达到最高。

4. 浸出时间对铂富集比的影响

研究条件：硫酸浓度为 1.6mol/L、液固比为 8∶1 以及浸出初始温度为 50℃，浸出时间对铂富集比的影响，实验结果如图 4-50 所示。

从图 4-50 可以看出，铂的富集比随着浸出反应时间的增加而增大；当浸出时间达到 50min 时，铂富集比出现转折，得到最大值，为 8.09 倍，在 50min 以后，铂富集比随着时间的延长出现降低趋势。

将不同浸出时间下所得浸出渣烘干，用研钵磨成粉末，采用 X 射线衍射仪进行分析，图谱如图 4-51 所示。

通过对不同温度下浸出渣衍射图谱进行分析，发现只有在 20min 时，浸出渣主要物相为硫化亚铁（FeS），50min 及以后，浸出渣主要物相为硫单质，同时也存在少量的硫化亚铁，说明浸出时间超过 20min 后，对硫化亚铁的影响较小。综合考虑分析，为获得最少的浸出渣和最大的铂富集比，浸出时间选择 50min，浸出效果最好。

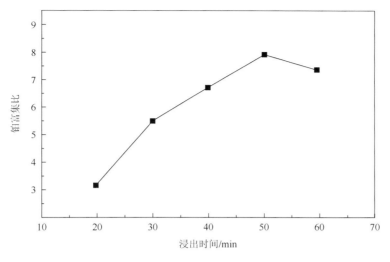

图 4-50　浸出时间对铂富集比的影响

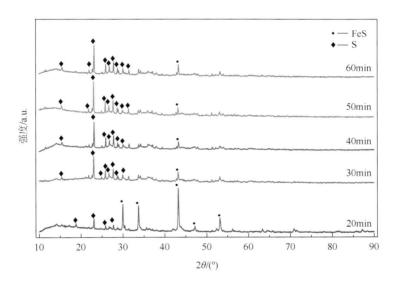

图 4-51　不同浸出时间下浸出渣 XRD 图谱

　　综上所述，通过控制变量法进行单因素变量实验，得出的最佳工艺参数为：硫酸浓度 1.8mol/L，液固比 8∶1，初始温度 60℃，浸出时间 50min。验证该条件是否最佳，在该条件下进行三次平行验证实验，每次称取铁锍进行浸出实验，最终得到数据结果如表 4-2 所示，取三次验证实验结果的平均值，铂富集比达到 11.8。三组数据平行性良好，说明实验结果可靠。

表 4-2 单因素验证实验结果

试验组数	铂富集比	平均值
1	11.7	
2	12.1	11.8
3	11.6	

将第二组（12.1 倍）浸出渣进行 X 射线衍射分析，所测结果如图 4-52 所示。从图 4-52 中可以看出，浸出渣主要物相为硫单质，图谱中未出现硫化亚铁的衍射峰，说明铁锍中的硫化亚铁已经被完全浸出，达到了实验预期目的。在渣中未发现铂，其主要原因为渣中铂含量较低，未达到 XRD 衍射分析的下限含量，因此在图谱中未发现铂峰。

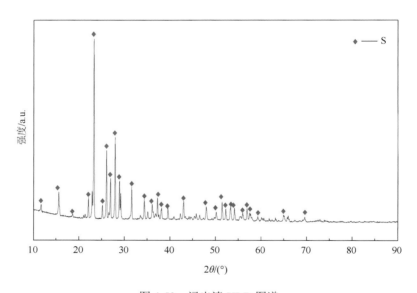

图 4-52 浸出渣 XRD 图谱

4.4.6 硫酸浸出小结

（1）捕集参数：石英砂加入量为失效催化剂重量的 2 倍，硼砂加入量为失效催化剂重量的 15%，氧化钙加入量为失效催化剂重量的 50%，氟化钙加入量为失效催化剂重量的 15%，黄铁矿为失效催化剂重量的 50%。在此条件下，铂的捕集率达到 97.74%。

（2）富集参数：硫酸浓度 1.8mol/L，液固比 8∶1，初始温度 60℃，浸出时间 50min。在此条件下，铂富集比为 11.80。

4.5　加铁鳞熔炼捕集失效催化剂中钯及提取技术

4.5.1　失效氧化铝载体钯催化剂原料

采用 X 射线衍射分析方法测定了失效氧化铝载体钯催化剂的物相结构。分析结果见图 4-53。由图 4-53 可以看出，失效氧化铝载体钯催化剂中的物相主要为 Al_2O_3。

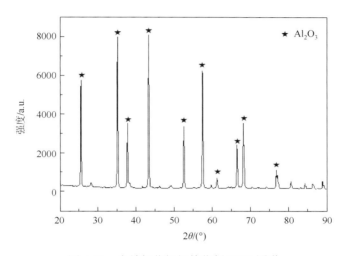

图 4-53　失效氧化铝钯催化剂 XRD 图谱

4.5.2　捕集技术原理

石膏的主要成分为 $CaSO_4$，在高温条件下与 C 发生反应生成 CaS，CaS 与 FeO 发生反应生成 FeS，如反应式（4-21）和反应式（4-22）所示。熔炼时，石墨坩埚中出现渣相和锍相，渣相由脉石矿物 SiO_2、Al_2O_3、CaO 组成，形成 $CaO\text{-}SiO_2\text{-}Al_2O_3$ 系渣，为熔融的硅酸盐玻璃体，锍相为 FeS，具有金属性质，可以捕集钯。石膏、铁鳞（又称氧化铁皮、氧化皮，来源于炼钢厂）与碳粉在熔炼过程中发生如下反应：

$$CaSO_4 + 4C \Longrightarrow CaS + 4CO\uparrow \tag{4-21}$$

$$CaS + FeO \Longrightarrow FeS + CaO \tag{4-22}$$

利用热力学数据表 4-3，计算式（4-21）和式（4-22）$\Delta G_T^\ominus$ 与 T 之间的关系，如下：
由式（4-21）得到：

$$\Delta G_T^\ominus \Longrightarrow 515805 - 718.436T \ \text{J} \tag{4-23}$$

由式（4-22）得到：

$$\Delta G_T^\ominus \Longrightarrow 13428 - 17.197T \ \text{J} \tag{4-24}$$

表 4-3　热力学数据

物质名称	CaSO₄	C	CaS	CO	FeO	FeS	CaO
$\Delta S^{\ominus}_{298}$ /(J/K)	105.228	5.732	56.484	197.527	60.752	60.291	39.748
$\Delta H^{\ominus}_{298}$ /J	−1434108	0	−476139	−110541	−272044	−100416	−634294

根据上述的热力学反应式，可知反应式（4-21）和反应式（4-22）开始发生反应的温度为 718K 和 781K，因此在 1350℃的实验条件下，石膏、碳、铁鳞可以造锍熔炼生成 FeS。

失效氧化铝载体钯催化剂与石膏、铁鳞、石英砂、焦炭、氟化钙、硼砂混匀，造锍熔炼，得到铁锍和熔炼渣；铁锍加稀酸选择性浸出铁，经过滤得到硫酸亚铁溶液和钯富集物。加氯酸钠和盐酸溶解富集中钯，经过滤，获得不溶渣和溶解液。用 732 树脂交换脱出溶解液中贱金属，获得纯净的含钯溶液，加热浓缩控制钯含量在 15～20g/L，加氯化铵沉淀，获得氯钯酸铵沉淀，采用稀氯化铵溶液洗涤，烘干，得到氯钯酸铵产品。工艺流程见图 4-54。

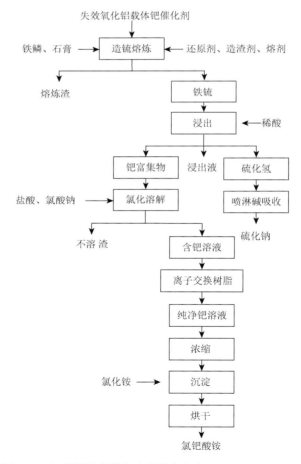

图 4-54　加铁鳞熔炼捕集失效催化剂中钯及提取工艺流程

4.5.3 加铁鳞熔炼捕集失效催化剂中钯实验

1. 石膏加入量对钯捕集率的影响

研究条件：铁鳞加入量为失效催化剂重量的 1.4 倍，石英砂加入量为失效催化剂重量的 30%，焦炭加入量为失效催化剂重量的 50%，氟化钙加入量为失效催化剂重量的 30%，硼砂加入量为失效催化剂重量的 20%，在熔炼炉中 1400℃下熔炼 30min，考察石膏加入量对钯捕集率的影响，结果见图 4-55。

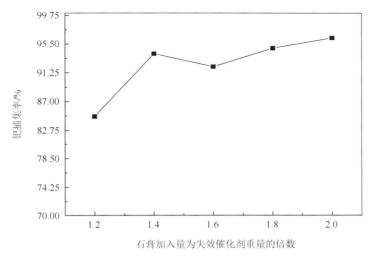

图 4-55　石膏加入量对钯捕集率的影响

由图 4-55 可知，石膏加入量为失效催化剂重量的 1.2～1.4 倍过程中，钯捕集率从 84.75%快速提高至 94.03%，说明石膏加入量对钯捕集率的影响显著；之后钯捕集率随着石膏加入量增长缓慢，对钯捕集率影响较小。石膏加入量为失效催化剂重量的 2.0 倍，钯捕集率达到最大，为 96.65%。综合考虑，石膏加入量为失效催化剂重量的 2.0 倍。

2. 铁鳞加入量对钯捕集率的影响

研究条件：石膏加入量为失效催化剂重量的 2.0 倍，石英砂加入量为失效催化剂重量的 30%，焦炭加入量为失效催化剂重量的 50%，氟化钙加入量为失效催化剂重量的 30%，硼砂加入量为失效催化剂重量的 20%，在熔炼炉中 1400℃下熔炼 30min，研究铁鳞加入量对钯捕集率的影响，结果见图 4-56。

由图 4-56 可知，随着铁鳞加入量的增加，钯捕集率逐渐上升，后下降。当铁鳞加入量为失效催化剂重量的 60%～80%时，对钯捕集率影响显著；当铁鳞加入量为失效催化剂重量的 0.8～1.4 倍时，钯捕集率增长缓慢，对钯捕集率的影响逐渐减小；当铁鳞加入量为失效催化剂重量比超过 1.4 倍时，钯捕集率下降，主要是出现过剩铁鳞，渣熔点

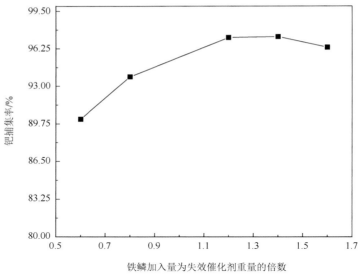

图 4-56　铁鳞加入量对钯捕集率的影响

升高，黏度增大，渣和熔体分离不彻底。因此，确定铁鳞加入量为失效催化剂重量的
1.4 倍。

3. 焦炭加入量对钯捕集率的影响

研究条件：铁鳞加入量为失效催化剂重量的 1.4 倍，石膏加入量为失效催化剂重量的
2.0 倍，石英砂加入量为失效催化剂重量的 30%，氟化钙加入量为失效催化剂重量的 30%，
硼砂加入量为失效催化剂重量的 20%，在熔炼炉中 1400℃下熔炼 30min，考察焦炭加入
量对钯捕集率的影响，结果见图 4-57。

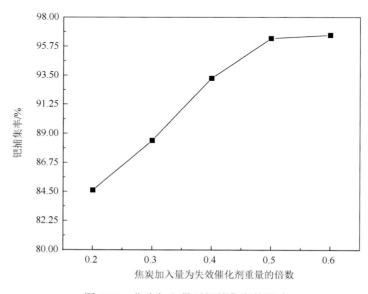

图 4-57　焦炭加入量对钯捕集率的影响

由图 4-57 可知，钯捕集率随着焦炭加入量增加而增加。当焦炭加入量为失效催化剂重量的 20%～50%时，焦炭加入量对钯捕集率影响较为显著；当焦炭加入量为失效催化剂重量的 50%时，钯的捕集率为 96.32%；当焦炭加入量为失效催化剂重量的 60%时，钯的捕集率为 96.57%，仅增加了 0.25 个百分点，综合考虑，焦炭加入量为失效催化剂重量的 50%。

4. 氟化钙加入量对钯捕集率的影响

研究条件：铁鳞加入量为失效催化剂重量的 1.4 倍，石膏加入量为失效催化剂重量的 2.0 倍，焦炭加入量为失效催化剂重量的 50%，石英砂加入量为失效催化剂重量的 30%，硼砂加入量为失效催化剂重量的 20%，在熔炼炉中 1400℃下熔炼 30min，探究氟化钙加入量对钯捕集率的影响，结果见图 4-58。

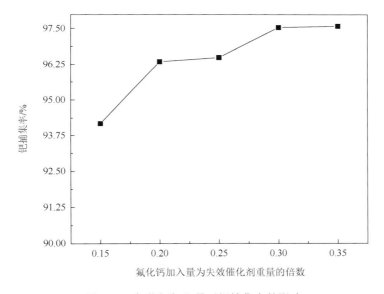

图 4-58　氟化钙加入量对钯捕集率的影响

由图 4-58 可知，随着氟化钙加入量的增加，钯捕集率整体都在上升。在氟化钙加入量为失效催化剂重量的 15%～25%时，钯捕集率急剧上升；氟化钙加入量为失效催化剂重量的 30%时，钯捕集率变缓，钯捕集率为 97.53%；氟化钙加入量为失效催化剂重量的 35%时，钯的捕集率为 97.55%，仅增加了 0.02 个百分点。综合考虑，氟化钙加入量为失效催化剂重量的 30%。

5. 硼砂加入量对钯捕集率的影响

研究条件：铁鳞加入量为失效催化剂重量的 1.4 倍，石膏加入量为失效催化剂重量的 2.0 倍，焦炭加入量为失效催化剂重量的 50%，石英砂加入量为失效催化剂重量的 30%，氟化钙加入量为失效催化剂重量的 30%，在熔炼炉中 1400℃下熔炼 30min，探究硼砂变量对钯捕集率的影响。结果见图 4-59。

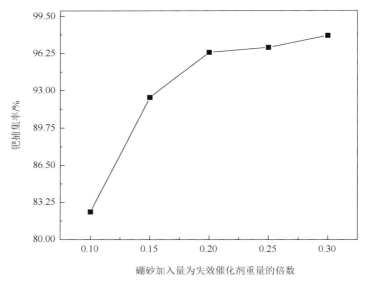

图 4-59　硼砂加入量对钯捕集率的影响

如图 4-59 所示，随着硼砂加入量的逐渐增加，钯捕集率逐渐上升。在硼砂加入量为失效催化剂重量的 10%～20%时，钯捕集率急剧上升；硼砂加入量为失效催化剂重量超过 20%时，钯的捕集率总体呈上升的趋势，但过多硼砂，对熔炼造成的炉衬侵蚀影响大，而且在硼砂加入量为失效催化剂重量的 20%时，钯的捕集率为 97.80%。综合考虑，硼砂加入量为失效催化剂重量的 20%。

通过实验获得最佳的钯捕集参数为铁鳞加入量为失效催化剂重量的 1.4 倍，石膏加入量为失效催化剂重量的 2.0 倍，焦炭加入量为失效催化剂重量的 50%，石英砂加入量为失效催化剂重量的 30%，氟化钙加入量为失效催化剂重量的 30%，硼砂加入量为失效催化剂重量的 20%，在熔炼炉中 1400℃下熔炼 30min。在此条件下，得到的钯捕集率达到了 97.80%。

4.5.4　熔炼产物表征

实验采用 X 射线衍射仪对熔炼后获得的铁锍和渣进行表征，结果如图 4-60 和图 4-61 所示。

图 4-60 为最佳条件下熔炼富集后锍的 XRD 图谱，由图 4-60 可知，加铁鳞配入失效钯催化剂熔炼后，一部分被还原为金属 Fe，大部分为 FeS。由此可说明加铁鳞还原熔炼生成铁锍可有效捕集失效钯催化剂中铂族金属。

由图 4-61 可知，熔渣的主要物相是 $CaO \cdot Al_2O_3 \cdot 2SiO_2$ 固相化合物，其他物质未出现。说明造渣剂充分完成造渣过程，且造锍熔炼较完全。

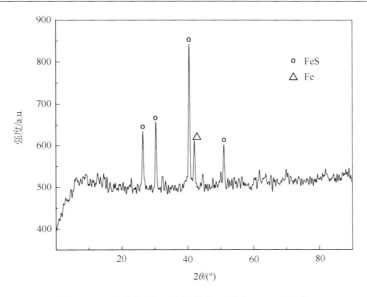

图 4-60　最佳条件下熔炼富集后锍的 XRD 图谱

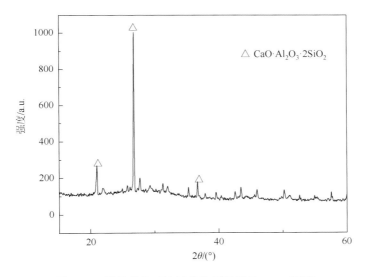

图 4-61　最佳条件下熔炼捕集后残渣的 XRD 图谱

4.5.5　稀酸选择性浸出铁锍中铁富集钯的实验

1. 硫酸浓度对钯富集比的影响

浸出温度 65℃、浸出时间 40min、控制液固比 6∶1、粒度−140～＋160 目，硫酸浓度对钯富集比的影响结果如图 4-62 所示。

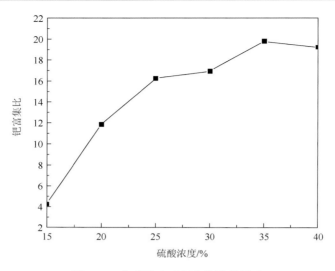

图 4-62　硫酸浓度对钯富集比的影响

由图 4-62 可知，硫酸浓度由 15%增加至 35%，钯富集比连续增大。硫酸浓度为 15%时，钯的富集比为 4.3；当硫酸浓度增加至 20%时，钯富集比增至 11.8，增幅最为明显。之后随着硫酸浓度的增加钯的富集比逐渐增大，但是富集比的增幅却逐渐减小，直到硫酸浓度增加到 35%时，富集比达到 19.8，之后增加硫酸浓度，钯的富集比增加量趋近于零，综合考虑铁锍浸出的最佳硫酸浓度应为 35%。

2. 浸出温度对钯富集比的影响

硫酸浓度为 35%、浸出时间 40min、控制液固比 6∶1、粒度–140～＋160 目，浸出温度对钯富集比的影响结果如图 4-63 所示。

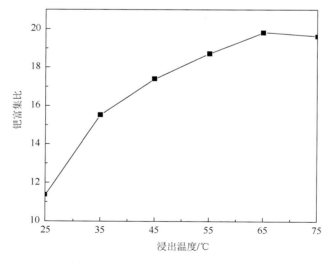

图 4-63　浸出温度对钯富集比的影响

由图 4-63 可知，浸出温度由 25℃增加至 65℃，钯富集比连续增大。浸出温度为 25℃时，钯的富集比为 11.4；随着温度逐渐升高，钯的富集比不断增加，但增幅却一直减小，当浸出温度升至 65℃时钯的富集比增至 19.8。之后增加温度，钯富集比的增加量不明显。综合考虑，最佳浸出温度应为 65℃。

3. 浸出时间对钯富集比的影响

浸出温度 65℃、硫酸浓度为 35%、控制液固比 6∶1、粒度 −140～ + 160 目，浸出时间对钯富集比的影响结果如图 4-64 所示。

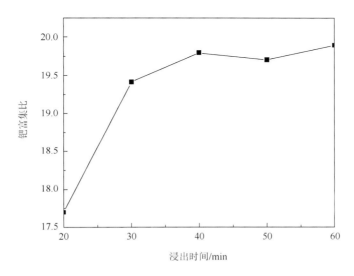

图 4-64 浸出时间对钯富集比的影响

由图 4-64 可知，浸出时间由 20min 增加至 40min，钯的富集比连续增大。浸出时间为 20min 时钯的富集比为 17.7；当时间增至 30min 时，钯的富集比为 19.4，钯富集比增幅很大。当浸出时间由 30min 增加至 40min 时，钯的富集比变为 19.8，虽然富集比增加了，但是增幅明显降低了。之后增大浸出时间钯富集比的增加量趋于零，综合考虑，最佳浸出时间应为 40min。

4. 液固比对钯富集比的影响

浸出温度 65℃、硫酸浓度为 35%、浸出时间 40min、粒度 −140～ + 160 目，液固比对钯富集比的影响结果如图 4-65 所示。

从图 4-65 可以看出，液固比由 2∶1 增加至 6∶1，钯富集比连续增大。液固比为 2∶1 时钯的富集比不到 3；当液固比变为 3∶1 时，钯的富集比变为 11.6，增幅最大；之后增加液固比，钯的富集比增幅逐渐变小。当液固比增加至 6∶1 时富集比增幅又突然增大，富集比增加至 19.8。之后提高液固比，钯富集比的增幅缓慢。综合考虑，最佳液固比应为 6∶1。

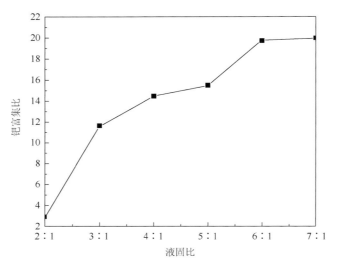

图 4-65　液固比对钯富集比的影响

5. 粒度对钯富集比的影响

浸出温度 65℃、硫酸浓度为 35%、浸出时间 40min、控制液固比 6∶1，铁锍粒度对钯富集比的影响结果如图 4-66 所示。

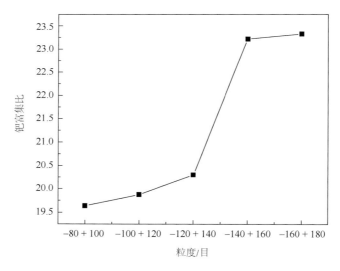

图 4-66　粒度对钯富集比的影响

由图 4-66 可知，铁锍粒度由−80＋100 目变为−140～＋160 目，钯富集比连续增大。铁锍粒度为−80～＋100 目时，钯富集比为 19.7；当粒度变为−120～＋140 目时，钯的富集比增加至 20.3。虽然富集比呈增长趋势，但增幅并不大。当粒度由−120～＋140 目变为−140～＋160 目时，钯富集比从 20.3 增加至 23.2。之后再减小铁锍颗粒的粒度，钯的富集比不明显。综合考虑，浸出实验的最佳粒度应为−140～＋160 目。

4.5.6　验证实验

通过实验研究，获得最佳浸出工艺参数：硫酸质量浓度为 35%、浸出时间为 40min、液固比为 6∶1、浸出温度为 65℃、粒度为−140～＋160 目。使用 X 射线衍射仪对上述条件下实验的浸出渣进行物相分析，分析结果如图 4-67 所示。再采用扫描电镜对其进行元素分析，结果见图 4-68 和图 4-69。

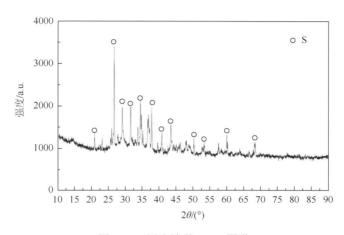

图 4-67　浸出渣的 XRD 图谱

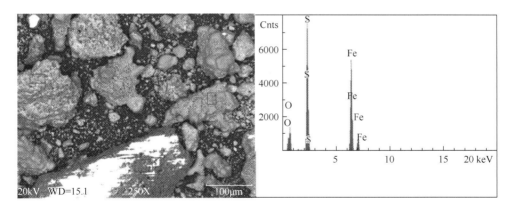

图 4-68　富集渣物料的表面形貌及其 EDS 面扫描能谱图 5

由图 4-67 可知，浸出渣的主要物相是单质硫。从图 4-68 和图 4-69 可以看出，浸出渣中主要元素为硫，少量为铁和氧等，成分均匀，并且与衍射分析结果吻合。

4.5.7　氯化溶解和提纯实验

针对钯富集物，采用加氯酸钠和盐酸氧化浸出，液固比在 5∶1，氯酸钠浓度为 15%，

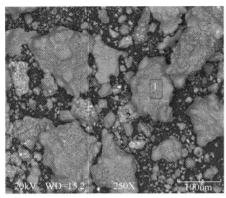 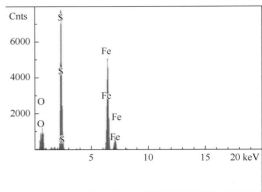

图 4-69　富集渣物料的表面形貌及其 EDS 面扫描能谱图 6

盐酸浓度为 10%，浸出温度为 95℃，浸出时间 3h，搅拌转速为 250r/min。在此条件下，钯浸出率为 99.72%。浸出液用 732 树脂交换脱出阳离子金属杂质，获得纯的含钯溶液，加热浓缩，控制钯含量为 15~20g/L，加氯化铵沉淀，加稀氯化铵洗涤，经烘干，得到氯钯酸铵。

4.5.8　小结

（1）捕集工艺参数：铁鳞加入量为失效催化剂重量的 1.4 倍，石膏加入量为失效催化剂重量的 2.0 倍，焦炭加入量为失效催化剂重量的 50%，石英砂加入量为失效催化剂重量的 30%，氟化钙加入量为失效催化剂重量的 30%，硼砂加入量为失效催化剂重量的 20%，在熔炼炉中 1400℃下熔炼 30min。在此工艺条件下，钯捕集率达到了 98.80%。

（2）富集工艺参数：硫酸质量浓度 35%、浸出温度 65℃、浸出时间 40min、液固比 6∶1、粒度 -140~+160 目。在此条件下，钯的富集比达到 23.2。

4.6　加铁鳞和硫酸钙造锍熔炼捕集失效催化剂中铂及富集技术

4.6.1　捕集和富集技术原理

硫酸钙在碳还原条件下生成硫化钙和二氧化碳，同时铁鳞与硫化钙生成硫化亚铁和氧化钙，氧化钙与三氧化二铝、石英砂造渣，实现铁锍与熔渣分离。加稀硫酸选择性浸出铁，获得铂富集物。

4.6.2　还原造锍熔炼捕集失效催化剂中铂的实验

1. 石英砂加入量对铂捕集率的影响

研究条件：铁鳞加入量为失效催化剂重量的 1 倍，石膏加入量为失效催化剂重量的

2 倍，焦炭加入量为失效催化剂重量的 50%，硼砂加入量为失效催化剂重量的 20%，氟化钙加入量为失效催化剂重量的 20%，在熔炼炉中 1400℃下熔炼 30min，考察石英砂加入量对铂捕集率的影响，结果见图 4-70。

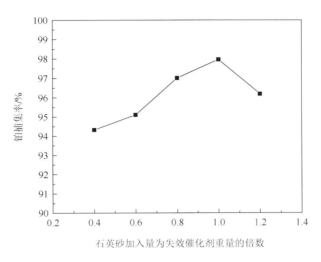

图 4-70　石英砂加入量对铂捕集率的影响

由图 4-70 可知，随着石英砂加入量的增加，铂捕集率先升高后降低。在石英砂加入量为失效催化剂重量的 60%～80%时，铂捕集率从 95.12%快速提升至 96.75%，继续增加石英砂加入量为失效催化剂重量的 1 倍时，铂捕集率为 97.96%，继续增加石英砂加入量，铂捕集率下降。综合考虑，石英砂加入量为失效催化剂重量的 1 倍。

2. 石膏加入量对铂捕集率的影响

研究条件：石英砂加入量为失效催化剂重量的 1 倍，铁鳞加入量为失效催化剂重量的 1 倍，焦炭加入量为失效催化剂重量的 50%，硼砂加入量为失效催化剂重量的 20%，氟化钙加入量为失效催化剂重量的 20%，在熔炼炉中 1400℃下熔炼 30min，考察石膏加入量对铂捕集率的影响，结果见图 4-71。

从图 4-71 中可知，随着石膏加入量的增加，铂捕集率不断提高。在石膏加入量为失效催化剂重量的 1.2～1.6 倍过程中，铂捕集率增长缓慢，从 91.57%提升至 93.56%，仅提高了 1.99 个百分点，继续增加石膏加入量为失效催化剂重量的 2 倍，铂捕集率提升至 97.72%，提高了 6.15 个百分点，继续增加石膏加入量，会导致经济成本增高，综合考虑，石膏加入量为失效催化剂重量的 2 倍。

3. 铁鳞加入量对铂捕集率的影响

研究条件：石英砂加入量为失效催化剂重量的 1 倍，石膏加入量为失效催化剂重量的 2 倍，焦炭加入量为失效催化剂重量的 50%，硼砂加入量为失效催化剂重量的 20%，

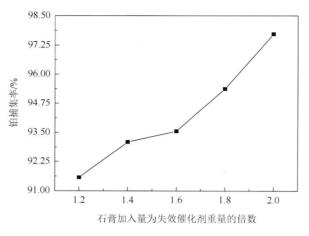

图 4-71　石膏加入量对铂捕集率的影响

氟化钙加入量为失效催化剂重量的 20%，在熔炼炉中 1400℃下熔炼 30min，考察铁鳞加入量对铂捕集率的影响，结果见图 4-72。

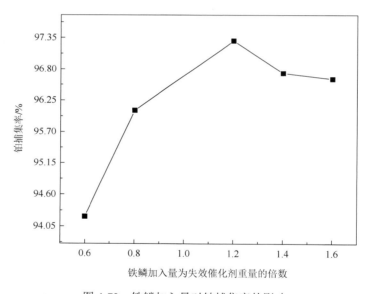

图 4-72　铁鳞加入量对铂捕集率的影响

由图 4-72 可知，随着铁鳞加入量的增加，铂捕集率先急剧增加后缓慢降低。在铁鳞加入量为失效催化剂重量的 60%到 1.2 倍的过程中，铂捕集率从 94.22%快速提高至 97.30%，提高了 3.08 个百分点，继续提高铁鳞加入量，铂捕集率降低。综合考虑，铁鳞加入量为失效催化剂重量的 1.2 倍。

4. 焦炭加入量对铂捕集率的影响

研究条件：石英砂加入量为失效催化剂重量的 1 倍，石膏加入量为失效催化剂重量的 2 倍，铁鳞加入量为失效催化剂重量的 1 倍，硼砂加入量为失效催化剂重量的 20%。氟化钙加入量为失效催化剂重量的 20%，在熔炼炉中 1400℃下熔炼 30min，考察焦炭加入量对铂捕集率的影响，结果见图 4-73。

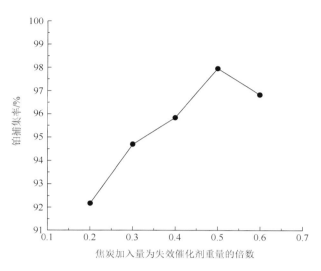

图 4-73　焦炭加入量对铂捕集率的影响

由图 4-73 可知，随着焦炭加入量的增加，铂捕集率先急剧增加后下降。在焦炭加入量为失效催化剂重量的 30%～50% 的过程中，铂捕集率从 94.72% 快速增加至 97.96%，增加了 3.24 个百分点，继续增加焦炭加入量，铂捕集率下降。综合考虑，焦炭加入量为失效催化剂重量的 50%。

5. 氟化钙加入量对铂捕集率的影响

研究条件：石英砂加入量为失效催化剂重量的 1 倍，石膏加入量为失效催化剂重量的 2 倍，焦炭加入量为失效催化剂重量的 1 倍，硼砂加入量为失效催化剂重量的 20%，在熔炼炉中 1400℃下熔炼 30min，考察氟化钙加入量对铂捕集率的影响，结果见图 4-74。

由图 4-74 可知，随着氟化钙加入量的增加，铂捕集率先增加后趋于平缓，在氟化钙加入量为失效催化剂重量的 15%～20% 的过程中，铂捕集率从 94.19% 快速提高至 97.96%，继续增加氟化钙的加入量，铂捕集率提高不明显，经济效益低。综合考虑，氟化钙加入量为失效催化剂重量的 20%。

6. 硼砂加入量对铂捕集率的影响

研究条件：石英砂加入量为失效催化剂重量的 1 倍，石膏加入量为失效催化剂重量的 2 倍，焦炭加入量为失效催化剂重量的 50%，氟化钙加入量为失效催化剂重量的 20%，在熔炼炉中 1400℃下熔炼 30min，考察硼砂加入量对铂捕集率的影响，结果见图 4-75。

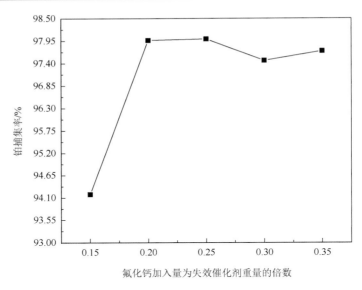

图 4-74　氟化钙加入量对铂捕集率的影响

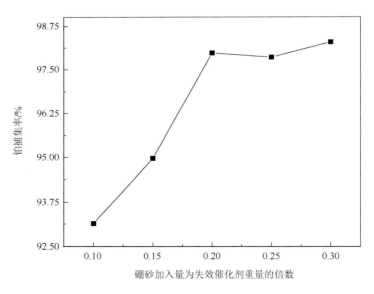

图 4-75　硼砂加入量对铂捕集率的影响

　　从图 4-75 可以看出，硼砂加入量增加必然导致铂捕集率升高，且随着硼砂加入量到一定程度，铂捕集率逐渐趋于平缓。当硼砂加入量为失效催化剂重量的 10%～20%时，铂捕集率从 93.14%快速提升至 97.96%，提高了 4.82 个百分点，继续增加硼砂加入量，铂捕集率提升幅度不大，综合考虑，硼砂加入量为失效催化剂重量的 20%。

4.6.3　熔炼产物表征

采用 X 射线衍射仪对造锍熔炼所产生的铁锍和熔炼渣进行物相分析，分析结果见图 4-76 和图 4-77。

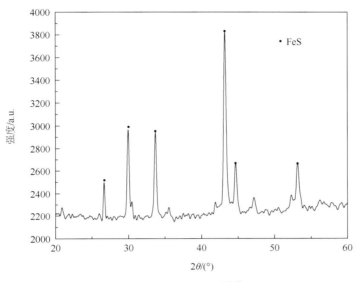

图 4-76　铁锍 XRD 图谱

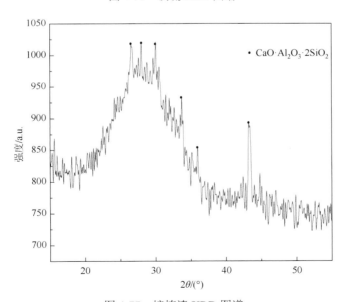

图 4-77　熔炼渣 XRD 图谱

从图 4-76 可以看出，锍的主要物相为 FeS，其他物质未呈现出。

从图 4-77 可以看出，熔炼渣的主要物相为 $CaO·Al_2O_3·2SiO_2$，其他物质未呈现出。

4.6.4 稀酸选择性浸出铁锍中铁富集铂的实验

基于前面研究基础，结合铁锍物相，采用硫酸质量浓度 35%、浸出温度 75℃、浸出时间 40min、液固比 6∶1、粒度–140～+160 目。在此条件下，铂的富集比达到 25.11。

4.6.5 小结

（1）捕集工艺参数：石英砂加入量为失效催化剂重量的 1 倍，石膏加入量为失效催化剂重量的 2 倍，焦炭加入量为失效催化剂重量的 50%，氟化钙加入量为失效催化剂重量的 20%，硼砂加入量为失效催化剂重量的 20%，在熔炼炉中 1400℃下熔炼 30min，铂的捕集率为 97%以上。

（2）加铁鳞和硫酸钙造锍熔炼捕集失效催化剂中铂及其富集是可行的，加硫酸钙可替代石灰，节约成本。

4.7 加黄铜矿熔炼捕集失效催化剂中钯及富集技术

4.7.1 捕集和富集技术原理

1. 捕集技术原理

黄铜矿在碳还原条件下离解铜锍，实现高效捕集钯及铜锍与熔渣分离。加稀硫酸和氧化剂选择性浸出铜，获得钯富集物。

$$2CuFeS_2 \Longrightarrow Cu_2S + 2FeS + 0.5S_2 \tag{4-25}$$

$$2CuS \Longrightarrow Cu_2S + 0.5S_2 \tag{4-26}$$

2. 富集技术原理

铜锍中的主要成分为硫化铜和硫化亚铁，采用的是硝酸浸出法，将硫化铜等贱金属硫化物选择性浸出，硫化铜、硫化亚铁和硝酸反应以硝酸铜和硝酸铁的形式进入溶液中，同时生成硫单质进入富集渣，以达到富集钯的实验目的。研究液固比、硝酸浓度、浸出时间、浸出温度、原料粒度对硝酸浸出硫化铜富集钯的影响。在稀酸条件下，主要反应方程：

$$3CuS + 8HNO_3 \Longrightarrow 3Cu(NO_3)_2 + 3S\downarrow + 2NO\uparrow + 4H_2O \tag{4-27}$$

$$FeS + 4HNO_3 \Longrightarrow Fe(NO_3)_3 + S\downarrow + NO\uparrow + 2H_2O \tag{4-28}$$

4.7.2 加黄铜矿熔炼捕集失效催化剂中钯实验

1. 硼砂加入量对钯捕集率的影响

研究条件：石英砂加入量为失效催化剂重量的 1.2 倍，氧化钙加入量为失效催化剂重量的 50%，氟化钙加入量为失效催化剂重量的 20%，黄铜矿加入量为失效催化剂重量的 50%，改变硼砂加入量，在熔炼炉中 1400℃下，熔炼 40min，考察硼砂加入量对钯捕集率的影响，结果见图 4-78。

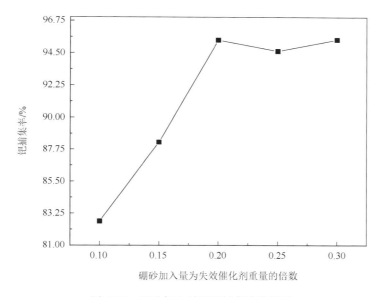

图 4-78 硼砂加入量对钯捕集率的影响

由图 4-78 可知，在硼砂加入量为失效催化剂重量的 10%增加至 20%的过程中，钯捕集率从 82.67%快速提高至 95.40%，继续增加硼砂加入量，钯捕集率上升不明显而是趋于平缓，综合考虑硼砂加入量为失效催化剂重量的 20%。

2. 石英砂加入量对钯捕集率的影响

研究条件：硼砂加入量为失效催化剂重量的 20%，氧化钙加入量为失效催化剂重量的 50%，氟化钙加入量为失效催化剂重量的 20%，黄铜矿加入量为失效催化剂重量的 50%，改变石英砂加入量，在熔炼炉中 1400℃下，熔炼 40min，考察石英砂加入量对钯捕集率的影响，结果见图 4-79。

由图 4-79 可知，石英砂加入量增加必然导致钯捕集率降低。石英砂加入量越少，钯捕集率越高。

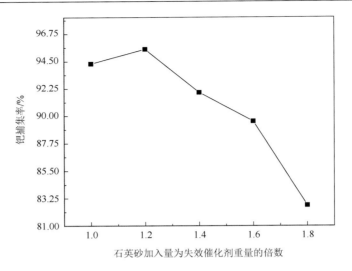

图 4-79　石英砂加入量对钯捕集率的影响

3. 氧化钙加入量对钯捕集率的影响

研究条件：石英砂加入量为失效催化剂重量的 1.2 倍，硼砂加入量为失效催化剂重量的 20%，氟化钙加入量为失效催化剂重量的 20%，黄铜矿加入量为失效催化剂重量的 50%，改变氧化钙加入量，在熔炼炉中 1400℃下，熔炼 40min，考察氧化钙加入量对钯捕集率的影响，结果见图 4-80。

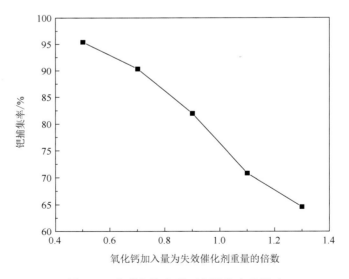

图 4-80　氧化钙加入量对钯捕集率的影响

由图 4-80 可知，在氧化钙加入量为失效催化剂重量的 50%至 1.3 倍的过程中，钯捕集率从 95.40%下降至 64.6%，说明氧化钙加入量的增加必然导致钯捕集率的降低，氧化钙加入量越低，钯捕集率越高。

4. 氟化钙加入量对钯捕集率的影响

研究条件：石英砂加入量为失效催化剂重量的 1.2 倍，硼砂加入量为失效催化剂重量的 20%，氧化钙加入量为失效催化剂重量的 50%，黄铜矿加入量为失效催化剂重量的 50%，改变氟化钙加入量，在熔炼炉中 1400℃下，熔炼 40min，考察氟化钙加入量对钯捕集率的影响，结果见图 4-81。

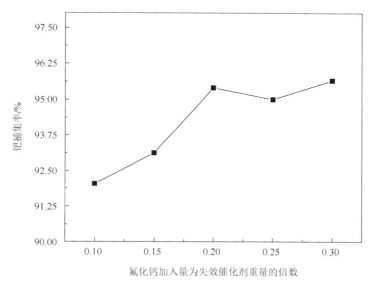

图 4-81　氟化钙加入量对钯捕集率的影响

由图 4-81 可知，当氟化钙加入量为失效催化剂重量的 15%~20%时，钯捕集率迅速从 93.12%提高至 95.40%，继续增加氟化钙加入量，钯捕集率变化不大，趋于平缓。综合考虑，氟化钙加入量为失效催化剂重量的 20%。

5. 黄铜矿加入量对钯捕集率的影响

研究条件：石英砂加入量为失效催化剂重量的 1.2 倍，硼砂加入量为失效催化剂重量的 20%，氟化钙加入量为失效催化剂重量的 20%，氧化钙加入量为失效催化剂重量的 50%，改变黄铜矿加入量，在熔炼炉中 1400℃下，熔炼 40min，考察黄铜矿加入量对钯捕集率的影响，结果见图 4-82。

由图 4-82 可知，随着黄铜矿加入量的增加，钯捕集率上升。在黄铜矿加入量为失效催化剂的 20%~40%时，钯捕集率从 83.81%提高至 94.77%，提高了 10.96 个百分点，说明黄铜矿加入量增加对钯捕集率的影响较为显著，继续增加黄铜矿加入量，钯捕集率逐渐增加，在黄铜矿加入量为失效催化剂的 40%~50%的过程中，钯捕集率从 94.77%提高至 95.40%，仅提高了 0.63 个百分点，说明继续增加黄铜矿加入量对捕集率影响较小，综合考虑，黄铜矿加入量为失效催化剂重量的 40%。

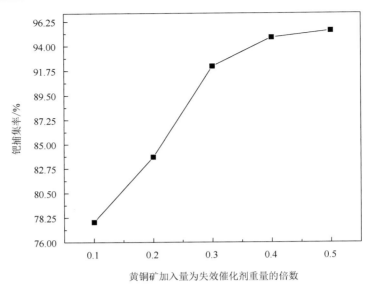

图 4-82　黄铜矿加入量对钯捕集率的影响

4.7.3　熔炼产物表征

采用 X 射线衍射仪对造锍熔炼所产生的铜锍和熔炼渣进行物相分析,分析结果见图 4-83 和图 4-84。

从图 4-83 可以看出,锍的主要物相为 FeS 和 CuS,其他物质未呈现出。

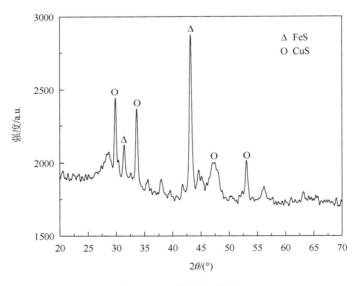

图 4-83　锍 XRD 图谱

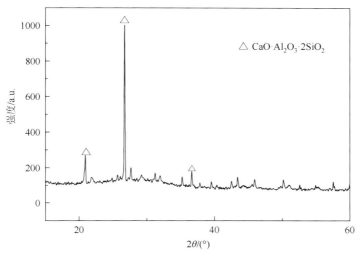

图 4-84　熔炼渣 XRD 图谱

4.7.4　稀酸选择性浸出铜锍中铜铁富集钯的实验

通过探究硝酸浓度、浸出温度、浸出时间、原料粒度、液固比对硝酸浸出硫化铜富集钯的影响，确定最佳的工艺条件，以及对富集渣做物相分析。

1. 硝酸浓度对钯富集比的影响

研究条件：浸出温度为 80℃、时间为 60min、液固比 12∶1、颗粒度为−140～＋160 目不变，探究硝酸浓度对钯富集比的影响，结果如图 4-85 所示。

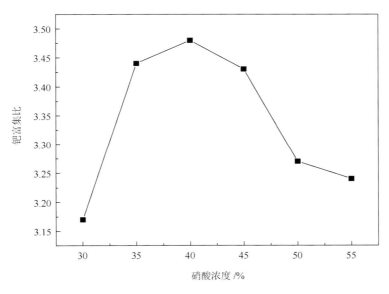

图 4-85　硝酸浓度对钯富集比的影响

由图 4-85 分析可得，钯富集比随着硝酸浓度的增加先增后减。硝酸浓度在 30%～40% 时，钯的富集比随浓度升高而增大；在 40% 时钯富集比达到最大，3.48；钯富集比从 3.17 增加到 3.48，增加了 0.31。在 40%～55% 范围内又减小，在 40% 之后继续增加硝酸浓度不利于钯的富集，而且还会造成硝酸的浪费，增加成本。综合分析，确定硝酸浓度的最佳条件为 40%。

2. 浸出温度对钯富集比的影响

研究条件：硝酸浓度 40%、实验时间 60min、颗粒度 –140～ + 160 目、液固比 12∶1 不变，探究浸出温度对钯富集比的影响，结果如图 4-86 所示。

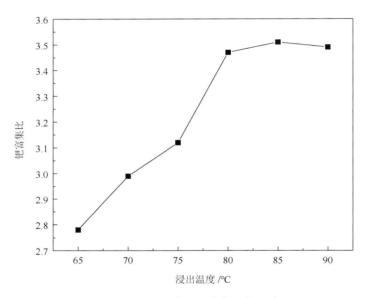

图 4-86　浸出温度对钯富集比的影响

由图 4-86 分析可得，温度在 65～80℃范围内，钯富集比呈现上升趋势，钯富集比从 2.78 增大到 3.47，增加了 0.69，温度在 80℃以后趋于平衡，钯富集比变化趋势不大，继续升高温度对钯富集比无影响，会加快设备老化，增加成本。综合考虑，确定最佳温度为 80℃。

3. 浸出时间对钯富集比的影响

研究条件：硝酸浓度 40%、浸出温度 80℃、颗粒度 –140～ + 160 目、液固比 12∶1 不变，探究浸出时间对钯富集比的影响，结果如图 4-87 所示。

由图 4-87 分析可得，实验时间在 20～60min 范围内，钯富集比呈现上升趋势，钯富集比从 2.82 增大到 3.61，增加了 0.79，在 60min 以后趋于平衡，钯的富集比变化趋势不大，继续增加时间对钯富集比无影响，而且时间过长会造成资源的过度浪费，增加成本。综合考虑，确定最佳浸出时间为 60min。

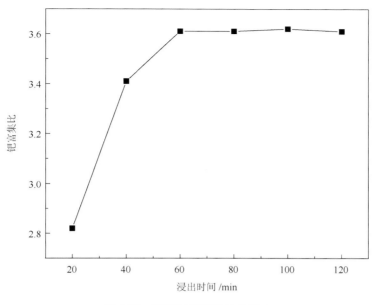

图 4-87　时间对钯富集比的影响

4. 原料粒度对钯富集比的影响

研究条件：硝酸浓度 40%、实验温度 80℃、浸出时间 60min、液固比 12∶1 不变，探究原料粒度对钯富集比的影响，结果如图 4-88 所示。

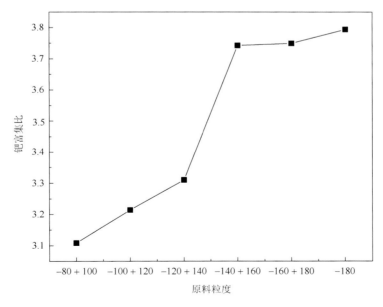

图 4-88　原料粒度对钯富集比的影响

由图 4-88 分析可得，粒度在–80～＋100 目～–120～＋140 目范围内，钯富集比呈现上升趋势，钯富集比从 3.11 增大到 3.75，增加了 0.64，粒度在–140～＋160 目以后趋于平衡，钯的富集比变化趋势不大，继续减小原料粒度对钯富集比影响不大。综合考虑，确定最佳粒度为–140～＋160 目。

5. 液固比对钯富集比的影响

研究条件：硝酸浓度 40%、实验温度 80℃、实验时间 60min、原料粒度–140～＋160目不变，研究液固比对钯富集比的影响，结果如图 4-89 所示。

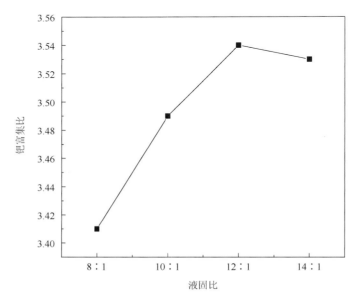

图 4-89 液固比对钯富集比的影响

由图 4-89 分析可得，液固比在 8：1～12：1 内，钯富集比呈现上升趋势，钯富集比从 3.40 增大到 3.54，增加了 0.14，在液固比为 12：1 时，钯的富集比达到最大，最大富集比为 3.54。在 12：1～14：1 范围内，钯富集比呈现下降趋势，继续加大液固比对钯富集比影响不利，还会增加硝酸用量，加大成本。综合考虑，确定最佳液固比为12：1。

4.7.5 富集渣物相分析

富集渣经过烘干后，呈棕色粉末状，采用 X 射线衍射仪对富集渣进行分析，结果如图 4-90 所示。

由图 4-90 分析可得，富集渣的主要物相为硫单质。与原料衍射分析结果（图 4-53）比较，未发现原料中的铜铱物相，说明在实验条件下，反应完全。

采用扫描电镜对富集渣物料中点进行分析，结果见图 4-91。从图 4-91 可以看出，富集渣中主要元素为硫、铜、铁，少量为硅、氧等，成分均匀，并且与衍射分析结果吻合。

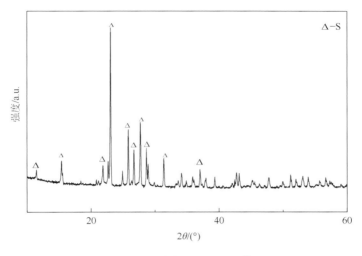

图 4-90　富集渣 XRD 图谱

图 4-91　富集渣物料的表面形貌及其 EDS 面扫描能谱图 7

4.7.6　小结

（1）捕集工艺参数：石英砂加入量为失效催化剂重量的 1.2 倍，氧化钙加入量为失效催化剂重量的 50%，氟化钙加入量为失效催化剂重量的 20%，黄铜矿加入量为失效催化剂重量的 50%，硼砂加入量失效催化剂重量的 20%，在熔炼炉中 1400℃下，熔炼 40min。在此条件下，钯的捕集率达到 95.40%。

（2）富集工艺参数：硝酸浓度 40%、浸出温度 80℃、浸出时间 60min、原料粒度 −140～＋160 目、液固比 12∶1。在此工艺条件下，钯富集比达到 3.54。

（3）采用 X 射线衍射仪分析了铜锍原料和富集渣的物相。铜锍中的主要物相为 CuS、FeS，而富集渣中物相主要为硫，钯的富集效果很好。

4.8　加硫酸镍熔炼捕集失效催化剂中钯及富集技术

4.8.1　捕集和富集技术原理

捕集及富集原理见 4.3.1 小节。

主要反应式如下：

$$Ni_3S_2 + 6FeCl_3 \Longrightarrow 6FeCl_2 + 3NiCl_2 + 2S\downarrow \tag{4-29}$$

$$FeNiS_2 + 4FeCl_3 \Longrightarrow 5FeCl_2 + NiCl_2 + 2S\downarrow \tag{4-30}$$

由上述反应式可知，金属 Ni 随着 Ni_3S_2 和 $FeNiS_2$ 的溶解以氯化镍的形式进入溶液，实现 Ni 的高效浸出，而钯则进入浸出渣中。

4.8.2　加硫酸镍熔炼捕集失效催化剂中钯实验

1. 硫酸镍加入量对钯捕集率的影响

研究条件：石英砂加入量为失效催化剂重量的 2 倍，石灰石加入量为失效催化剂重量的 1 倍，还原铁粉加入量为失效催化剂重量的 20%，碳酸钠加入量为失效催化剂重量的 20%，硼砂加入量为失效催化剂重量的 20%，氟化钙加入量为失效催化剂重量的 30%，改变硫酸镍的加入量，在熔炼炉中 1350℃下，熔炼 30min，考察硫酸镍加入量对钯捕集率的影响，结果见图 4-92。

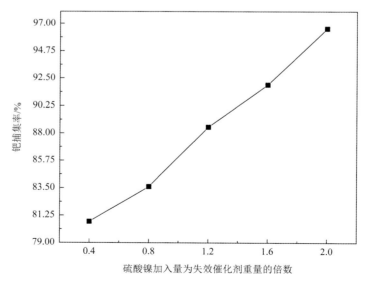

图 4-92　硫酸镍加入量对钯捕集率的影响

从图 4-92 中可以看出，随着硫酸镍加入量的增加，钯捕集率逐渐升高。

2. 石英砂加入量对钯捕集率的影响

研究条件：硫酸镍加入量为失效催化剂重量的 1.2 倍，石灰石加入量为失效催化剂重量的 1 倍，还原铁粉加入量为失效催化剂重量的 20%，碳酸钠加入量为失效催化剂重量的 20%，硼砂加入量为失效催化剂重量的 20%，氟化钙加入量为失效催化剂重量的 30%，改变石英砂的加入量，在熔炼炉中 1350℃下，熔炼 30min，考察石英砂加入量对钯捕集率的影响，结果见图 4-93。

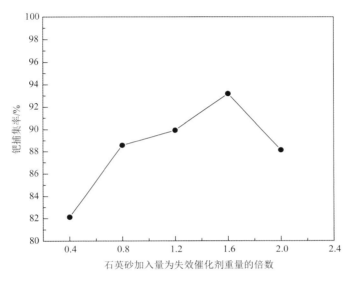

图 4-93　石英砂加入量对钯捕集率的影响

从图 4-93 中可以看出，钯捕集率随着石英砂加入量的增加，先升高后降低。在石英砂加入量为失效催化剂重量的 40%增加到 1.6 倍过程中，钯捕集率急剧升高，从 82.08%提高至 93.32%，继续增加石英砂加入量钯捕集率下降。综合考虑，石英砂加入量为失效催化剂重量的 1.6 倍。

3. 石灰石加入量对钯捕集率的影响

研究条件：硫酸镍加入量为失效催化剂重量的 1.2 倍，石英砂加入量为失效催化剂重量的 2 倍，还原铁粉加入量为失效催化剂重量的 20%，碳酸钠加入量为失效催化剂重量的 20%，硼砂加入量为失效催化剂重量的 20%，氟化钙加入量为失效催化剂重量的 30%，改变石灰石的加入量，在熔炼炉中 1350℃下，熔炼 30min，考察石灰石加入量对钯捕集率的影响，结果见图 4-94。

从图 4-94 中可以看出，随着石灰石加入量的增加，钯捕集率逐渐升高。在石灰石加入量为失效催化剂重量的 40%增加到 60%的过程中，钯捕集率从 72.61%快速提高至 83.89%，提高了 11.28 个百分点。继续增加石灰石加入量至 1.2 倍的过程中，钯捕集率有提升，但产生渣量大且成本增加。综合考虑，石灰石加入量为失效催化剂重量的 1.0 倍。

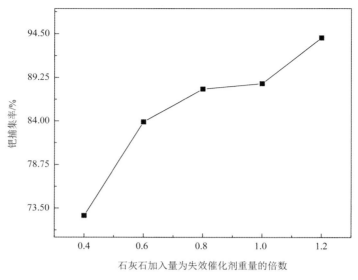

图 4-94　石灰石加入量对钯捕集率的影响

4. 还原铁粉加入量对钯捕集率的影响

研究条件：硫酸镍加入量为失效催化剂重量的 1.2 倍，石英砂加入量为失效催化剂重量的 2 倍，石灰石加入量为失效催化剂重量的 1 倍，碳酸钠加入量为失效催化剂重量的 20%，硼砂加入量为失效催化剂重量的 20%，氟化钙加入量为失效催化剂重量的 30%，改变还原铁粉的加入量，在熔炼炉中 1350℃下，熔炼 30min，考察还原铁粉加入量对钯捕集率的影响，结果见图 4-95。

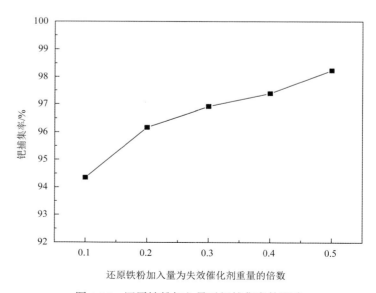

图 4-95　还原铁粉加入量对钯捕集率的影响

从图 4-95 可以看出，随着还原铁粉加入量的增加，钯捕集率先升高后趋于平缓。在还原铁粉加入量为失效催化剂重量的 10%增加至 40%时，钯捕集率从 94.35%快速提高至 97.39%，提高了 3.04 个百分点，继续增加还原铁粉加入量，钯捕集率提升不明显，继续增加还原铁粉加入量，会造成试剂成本升高，降低经济效益。综合考虑，还原铁粉加入量为失效催化剂重量的 50%。

5. 碳酸钠加入量对钯捕集率的影响

研究条件：硫酸镍加入量为失效催化剂重量的 1.2 倍，石英砂加入量为失效催化剂重量的 2 倍，石灰石加入量为失效催化剂重量的 1 倍，还原铁粉加入量为失效催化剂重量的 20%，硼砂加入量为失效催化剂重量的 20%，氟化钙加入量为失效催化剂重量的 30%，改变碳酸钠的加入量，在熔炼炉中 1350℃下，熔炼 30min，考察碳酸钠加入量对钯捕集率的影响，结果见图 4-96。

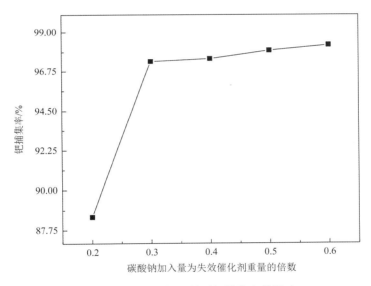

图 4-96　碳酸钠加入量对钯捕集率的影响

从图 4-96 中可以看出，随着碳酸钠加入量的增加，钯捕集率先升高后趋于平缓。在碳酸钠加入量为失效催化剂的 20%增加到 30%的过程中，钯捕集率从 88.50%快速增加至 97.16%，继续增加碳酸钠的加入量至 60%，钯捕集率提高并不明显，从 97.16%提高至 98.04%，仅提高了 1 个百分点左右，继续增加碳酸钠的加入量会增加试剂成本，降低经济效益。综合考虑，碳酸钠加入量为失效催化剂重量的 60%。

6. 硼砂加入量对钯捕集率的影响

研究条件：硫酸镍加入量为失效催化剂重量的 1 倍，石英砂加入量为失效催化剂重量的 2 倍，石灰石加入量为失效催化剂重量的 1 倍，还原铁粉加入量为失效催化剂重量的 20%，碳酸钠加入量为失效催化剂重量的 20%，氟化钙加入量为失效催化剂重量的

30%，改变硼砂加入量，在熔炼炉中 1350℃下，熔炼 30min，考察硼砂加入量对钯捕集率的影响，结果见图 4-97。

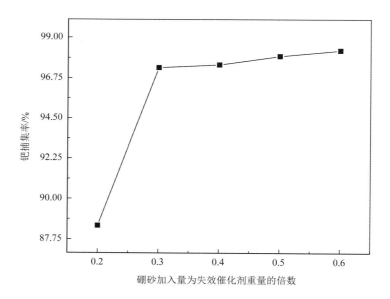

图 4-97　硼砂加入量对钯捕集率的影响

　　从图 4-97 中可以看出，随着硼砂加入量的增加，钯捕集率先升高后趋于平缓。在硼砂加入量为失效催化剂重量的 20%增加到 30%时，钯捕集率从 88.50%快速增加至 97.33%，继续增加硼砂加入量，当其为失效催化剂质量的 60%时，钯捕集率提高并不明显，从 97.33%提高至 98.27%，仅提高了 1 个百分点左右，继续增加硼砂的加入量会增加试剂成本，降低经济效益。综合考虑，硼砂加入量为失效催化剂重量的60%。

7. 氟化钙加入量对钯捕集率的影响

　　研究条件：硫酸镍加入量为失效催化剂重量的 1.2 倍，石英砂加入量为失效催化剂重量的 2 倍，石灰石加入量为失效催化剂重量的 1 倍，还原铁粉加入量为失效催化剂重量的 20%，碳酸钠加入量为失效催化剂重量的 20%，硼砂加入量为失效催化剂重量的 20%，改变氟化钙的加入量，在熔炼炉中 1350℃下，熔炼 30min，考察氟化钙加入量对钯捕集率的影响，结果见图 4-98。

　　从图 4-98 中可以看出，随着氟化钙加入量的增加，钯捕集率先升高后趋于平缓。在氟化钙加入量为失效催化剂重量的 30%增加到 40%的过程中，钯捕集率从 95.5%快速提高至 97.37%，继续增加氟化钙的加入量，钯捕集率提升不明显，在氟化钙加入量为失效催化剂重量的 50%增加到 60%的过程中，钯捕集率从 97.81%提升至 98.14%，仅提高了0.33 个百分点。综合考虑氟化钙加入量为失效催化剂重量的 50%。

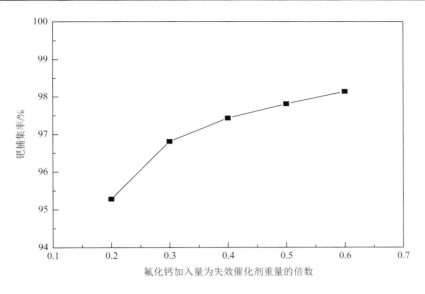

图 4-98　氟化钙加入量对钯捕集率的影响

4.8.3　熔炼产物表征

采用 X 射线衍射仪对造锍熔炼所产生的镍锍和熔炼渣进行物相分析，分析结果见图 4-99 和图 4-100。

从图 4-99 中可以看出，锍的主要物相为 Ni_3S_2、$FeNiS_2$、Ni_3S_4，其他物质未呈现出。

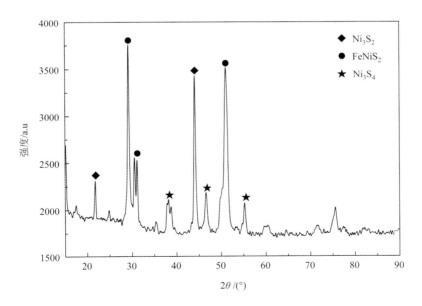

图 4-99　锍 XRD 图谱

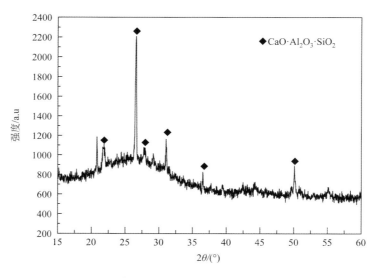

图 4-100 熔炼渣 XRD 图谱

从图 4-100 中可以看出，熔炼渣的主要物相为 $CaO \cdot Al_2O_3 \cdot SiO_2$，其他物质未呈现出。

4.8.4 稀酸选择性浸出镍锍中镍富集钯的实验

1. 硫酸浓度对钯富集比的影响

研究条件：液固比为 8：1，氯化铁过量 1.5 倍，浸出时间 120min，浸出温度 90℃，考察硫酸浓度对钯富集比的影响，结果如图 4-101 所示。

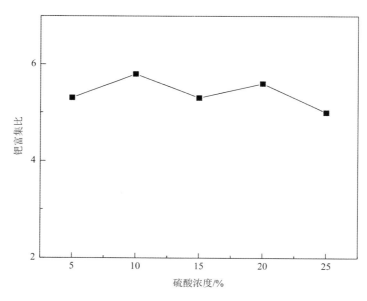

图 4-101 硫酸浓度对钯富集比的影响

从图 4-101 可以看出，硫酸浓度对浸出过程的影响不显著，硫酸浓度由 5%变到 25%时，钯的富集比没有明显地增加或减少，基本维持在 5～6。硫酸浓度对钯富集比没有明显的影响，考虑试剂成本，综上分析，最佳硫酸浓度为 5%。

2. 氯化铁用量对钯富集比的影响

研究条件：液固比为 8∶1，硫酸浓度为 5%，浸出时间 120min，浸出温度 90℃，研究氯化铁用量对钯富集比的影响，结果如图 4-102 所示。

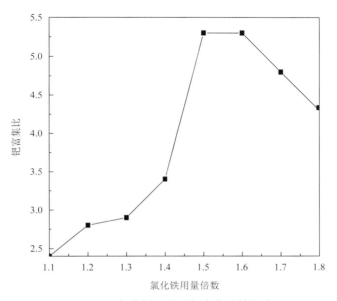

图 4-102　氯化铁用量对钯富集比的影响

从图 4-102 中可以看出，氯化铁的用量对浸出过程的影响比较显著。氯化铁用量 1.1 倍变为 1.2 倍时，富集比有小幅度增大；氯化铁用量 1.2 倍变为 1.3 倍时，富集比增加速率缓慢；当氯化铁用量 1.3 倍变为 1.4 倍时，富集比持续增加；氯化铁用量 1.4 倍变为 1.5 倍时，富集比增加速率最快，富集比达到最大，为 5.3；氯化铁用量 1.5 倍变为 1.6 倍时，富集比不变；氯化铁用量 1.6 倍变为 1.7 倍、1.7 倍变为 1.8 倍时，富集比持续减小。随着氯化铁用量的增加，钯富集比也不断增大，可看出钯富集比最大是氯化铁量 1.5 倍的时候，钯富集比最小是氯化铁用量 1.2 倍的时候。因此增加氯化铁的用量可以提高钯的富集比，但是氯化铁浓度过大就会增加液体的黏度，给扩散带来困难，使反应进行得不彻底。

综上所述，当钯富集比达到最大后，再增加氯化铁的用量意义不大，考虑各种因素，氯化铁用量最佳为过量 1.5 倍。

3. 浸出温度对钯富集比的影响

研究条件：液固比为 8∶1，硫酸浓度为 5%，浸出时间 120min，氯化铁过量 1.5 倍，研究浸出温度对钯富集比的影响，结果如图 4-103 所示。

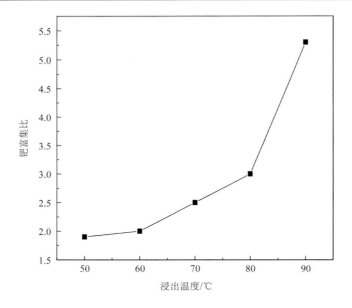

图 4-103　浸出温度对钯富集比的影响

　　从图 4-103 中可以看出，浸出温度对浸出过程的影响比较显著。浸出温度由 50℃升到 60℃时，富集比较小，有小幅度增大；浸出温度为 60℃时，钯富集比为 2.0；浸出温度为 70℃时，富集比为 2.5；浸出温度为 80℃时，富集比为 3.0。可以看出，浸出温度由 60℃升到 80℃时，富集比持续增大；浸出温度由 80℃升到 90℃时，富集比增加速率最快，富集比达到最大。随着浸出温度的升高，钯富集比也不断增大，可看出钯富集比最大的时候是浸出温度为 90℃的时候，钯富集比最小的时候是浸出温度为 50℃的时候。综上所述，浸出的最佳温度为 90℃。

　　4. 浸出时间对钯富集比的影响

　　研究条件：液固比为 8∶1，硫酸浓度为 5%，浸出温度为 90℃，氯化铁过量 1.5 倍，研究浸出时间对钯富集比的影响，结果如图 4-104 所示。

　　从图 4-104 中可以看出，浸出时间对浸出过程的影响比较显著。浸出时间由 30min 升到 60min 时，富集比较小，但有小幅度的增大；浸出时间由 60min 升到 90min 时富集比持续增大；当浸出时间由 90min 升到 120min 时，富集比增加速率最快；浸出时间由 120min 升到 150min 时富集比仍在增加且达到最大。随着浸出时间的延长，钯富集比也不断增大，可看出钯富集比最大时是浸出时间为 150min 的时候，钯富集比最小时是浸出时间为 30min 的时候。综上所述，浸出的最佳时间为 150min。

　　5. 超声波作用时间对钯富集比的影响

　　研究条件：液固比为 8∶1，硫酸浓度为 5%，浸出温度为 40℃，氯化铁过量 1.5 倍，研究超声波作用时间对钯富集比的影响，结果如图 4-105 所示。

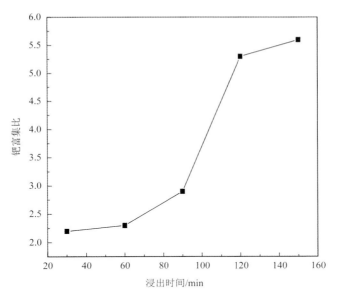

图 4-104　浸出时间对钯富集比的影响

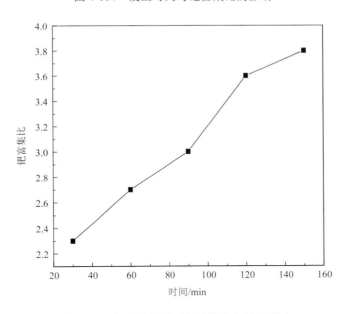

图 4-105　超声波作用时间对钯富集比的影响

从图 4-105 中可以看出,超声波对浸出过程有显著的影响。超声波作用时间为 30min 时,富集比为 2.3;超声波作用时间为 60min 时,富集比为 2.7;超声波作用时间为 90min 时,富集比为 3.0;超声波作用时间为 120min 时,富集比为 3.6。可以看出,超声波作用时间由 30min 延长至 120min,富集比持续增大,超声波作用时间由 120min 延长至 150min 时富集比仍在增大且富集比达到最大。随着超声波作用时间的延长,钯富集比也不断增大,可看出钯富集比最大时是超声波作用时间为 150min 的时候,钯富集比最小时是超声波作用时间为 30min 的时候。综上所述，超声波的最佳作用时间为 150min。在同等实验条件下，超声波辐射浸出实验与传统浸出实验比较，富集比提高了 1.7，发现超声波能强化浸出过程。

4.8.5　富集渣物相分析

焙烧前后渣的物相分析：采用 X 射线衍射仪进行分析，结果分别见图 4-106 和图 4-107。

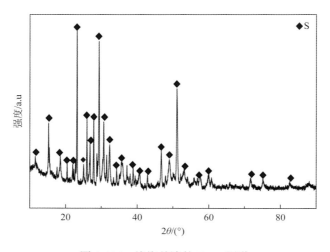

图 4-106　焙烧前渣的 XRD 图谱

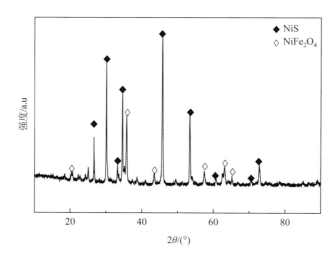

图 4-107　焙烧后渣的 XRD 图谱

从图 4-106 中可以看出，焙烧前渣中的主要成分是 S，并未发现 Pd，焙烧前的渣中含有大量的硫，导致其他物质的衍射峰被掩盖而检测不出来。

从图 4-107 可以看出，焙烧后渣中的主要成分为 $NiFe_2O_4$、NiS，并未发现 Pd。焙烧后的渣中未能检测出 Pd 元素，判断分析未能检测出 Pd 元素应是含量太低测不出来，或其存在于物料深层，因为扫描时间不充分无法使深层元素显示出来，或颗粒太小导致峰较宽较低，在其他峰较高的情况下不容易分辨。

采用扫描电镜对焙烧前后富集渣物料中点进行分析，结果分别见图 4-108 和图 4-109。从图 4-108 和图 4-109 可以看出，富集渣中主要元素为硫，少量为硅、镍、铁、氧等，成分均匀，并且与衍射分析结果吻合。

图 4-108　焙烧前富集渣物料的表面形貌及其 EDS 面扫描能谱图

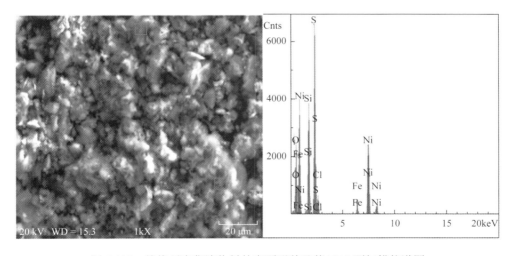

图 4-109　焙烧后富集渣物料的表面形貌及其 EDS 面扫描能谱图

4.8.6　小结

（1）硫酸镍加入量为失效催化剂重量的 1.2 倍，石英砂加入量为失效催化剂重量的 2

倍，石灰石加入量为失效催化剂重量的 1 倍，还原铁粉加入量为失效催化剂重量的 20%，碳酸钠加入量为失效催化剂重量的 20%，硼砂加入量为失效催化剂重量的 20%，氟化钙加入量为失效催化剂重量的 20%，在熔炼炉中 1350℃下，熔炼 30min。在此条件下，钯的捕集率达到 98.14%。

（2）在选择性浸出镍锍中的镍富集钯的实验中，研究了硫酸浓度、氯化铁用量、浸出时间、浸出温度、超声波作用时间对钯富集比的影响，得到了最佳的工艺参数：硫酸浓度为 5%，氯化铁过量 1.5 倍，浸出时间 150min，浸出温度 90℃。在此最佳条件下，钯富集比为 5.6。同等实验条件下，超声波辐射浸出实验与传统浸出实验比较，富集比提高了 1.7，发现超声波能强化浸出过程。

（3）采用 X 射线衍射仪对最佳条件下获得的浸出渣进行分析，发现焙烧前渣的主要物相为 S，焙烧后渣的主要物相为 $NiFe_2O_4$、NiS。

4.9　加黄铁矿熔炼捕集失效催化剂中钯及富集技术

4.9.1　捕集和富集技术原理

黄铁矿在还原熔炼条件下生成铁锍（FeS）并捕集钯，采用稀酸选择性浸出铁，获得钯富集物。

4.9.2　加黄铁矿熔炼捕集失效催化剂中钯的实验

1. 黄铁矿加入量对钯捕集率的影响

研究条件：石英砂加入量为失效催化剂重量的 2 倍，石灰石加入量为失效催化剂重量的 1 倍，还原铁粉加入量为失效催化剂重量的 20%，碳酸钠加入量为失效催化剂重量的 20%，硼砂加入量为失效催化剂重量的 20%，氟化钙加入量为失效催化剂重量的 30%，焦炭加入量为失效催化剂重量的 20%，改变黄铁矿的加入量，在熔炼炉中 1350℃下，熔炼 30min，考察黄铁矿加入量对钯捕集率的影响，结果见图 4-110。

由图 4-110 可以看出，随着黄铁矿加入量的增加，钯捕集率升高。在黄铁矿加入量为失效催化剂重量的 40%增加到 80%时，钯捕集率快速从 88.91%提升至 94.71%，继续增加黄铁矿加入量至失效催化剂重量的 1.0 倍，钯的捕集率提高至 95.02%，继续增加黄铁矿的加入量为失效重量的 1.4 倍，钯捕集率为 95.85%，仅提高了 0.83 个百分点，提升不明显。综合考虑，黄铁矿加入量为失效催化剂重量的 1.0 倍。

2. 石英砂加入量对钯捕集率的影响

研究条件：黄铁矿加入量为失效催化剂重量的 80%，石灰石加入量为失效催化剂重量的 1 倍，还原铁粉加入量为失效催化剂重量的 20%，碳酸钠加入量为失效催化剂重量的 20%，硼砂加入量为失效催化剂重量的 20%，氟化钙加入量为失效催化剂重量

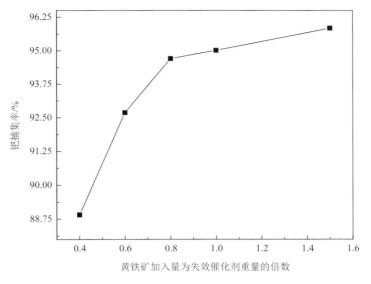

图 4-110　黄铁矿加入量对钯捕集率的影响

的 30%，焦炭加入量为失效催化剂重量的 20%，改变石英砂的加入量，在熔炼炉中 1350℃下，熔炼 30min，考察石英砂加入量对钯捕集率的影响，结果见图 4-111。

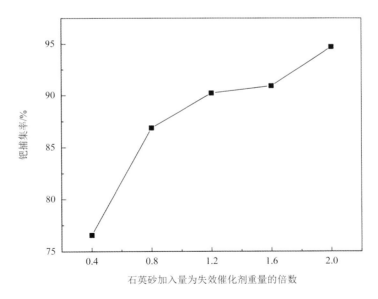

图 4-111　石英砂加入量对钯捕集率的影响

从图 4-111 可以看出，钯捕集率随着石英砂加入量的增加而增大，在石英砂加入量为失效催化剂重量的 40%增加到 1.6 倍的过程中，钯的捕集率从 76.57%快速增加至 90.90%，增加较为明显，继续增加石英砂的加入量至 2.0 倍，钯捕集率提高至 94.71%。

3. 石灰石加入量对钯捕集率的影响

研究条件：黄铁矿加入量为失效催化剂重量的 80%，石英砂加入量为失效催化剂重量的 2 倍，还原铁粉加入量为失效催化剂重量的 20%，碳酸钠加入量为失效催化剂重量的 20%，硼砂加入量为失效催化剂重量的 20%，氟化钙加入量为失效催化剂重量的 30%，焦炭加入量为失效催化剂重量的 20%，改变石灰石的加入量，在熔炼炉中 1350℃ 下，熔炼 30min，考察石灰石加入量对钯捕集率的影响，结果见图 4-112。

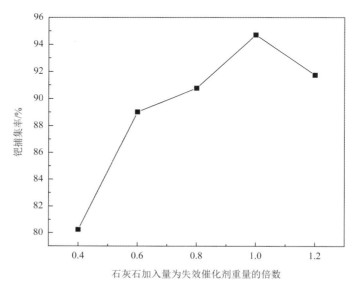

图 4-112　石灰石加入量对钯捕集率的影响

由图 4-112 可知，钯的捕集率随石灰石加入量的增加而增大，石灰石加入量为失效催化剂重量的 40%增加到 60%时，钯的捕集率呈直线上升趋势，捕集率从 80.25%快速增加至 89.02%，石灰石加入量为失效催化剂重量的 60%增加到 80%时，钯捕集率的上升趋势有所减缓，继续增加石灰石加入量为失效催化剂重量的 1.0 倍时，钯捕集率达到最大，钯捕集率为 94.71%，持续增加石灰石的加入量至 1.2 倍时，钯捕集率下降。综合考虑石灰石加入量为失效催化剂重量的 1.0 倍。

4. 还原铁粉加入量对钯捕集率的影响

研究条件：黄铁矿加入量为失效催化剂重量的 80%，石英砂加入量为失效催化剂重量的 2 倍，石灰石加入量为失效催化剂重量的 1 倍，碳酸钠加入量为失效催化剂重量的 20%，硼砂加入量为失效催化剂重量的 20%，氟化钙加入量为失效催化剂重量的 30%，焦炭加入量为失效催化剂重量的 20%，改变还原铁粉的加入量，在熔炼炉中 1350℃ 下，熔炼 30min，考察还原铁粉加入量对钯捕集率的影响，结果见图 4-113。

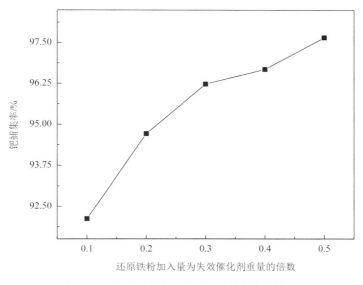

图 4-113　还原铁粉加入量对钯捕集率的影响

由图 4-113 可知，钯捕集率随还原铁粉加入量的增加而增大，在还原铁粉为失效催化剂重量的 10%增加到 30%的过程中，钯捕集率从 92.22%快速增加至 96.22%，钯捕集率呈直线上升趋势，在还原铁粉为失效催化剂重量的 30%增加到 40%的过程中，钯捕集率从 96.22%增加至 96.68%，仅增加了 0.46 个百分点，持续增加还原铁粉的加入量至失效催化剂重量的 50%，钯捕集率为 97.65%，钯捕集率提升幅度并不大，综合考虑还原铁粉的加入量为失效催化剂重量的 50%。

5. 碳酸钠加入量对钯捕集率的影响

研究条件：黄铁矿加入量为失效催化剂重量的 80%，石英砂加入量为失效催化剂重量的 2 倍，石灰石加入量为失效催化剂重量的 1 倍，还原铁粉加入量为失效催化剂重量的 20%，硼砂加入量为失效催化剂重量的 20%，氟化钙加入量为失效催化剂重量的 30%，焦炭加入量为失效催化剂重量的 20%，改变碳酸钠的加入量，在熔炼炉中 1350℃下，熔炼 30min，考察碳酸钠加入量对钯捕集率的影响，结果见图 4-114。

由图 4-114 可知，钯捕集率随碳酸钠加入量的增加而增大，在碳酸钠加入量为失效催化剂重量的 20%增加至 60%的过程中，钯捕集率从 94.71%增加至 96.51%，仅增加了 1.8 个百分点，说明碳酸钠的加入量对钯捕集率的影响不大，继续增加碳酸钠的加入量可能会导致经济成本升高，经济效益降低。综合考虑，碳酸钠加入量为失效催化剂重量的 60%。

6. 硼砂加入量对钯捕集率的影响

研究条件：黄铁矿加入量为失效催化剂重量的 80%，石英砂加入量为失效催化剂重量的 2 倍，石灰石加入量为失效催化剂重量的 1 倍，还原铁粉加入量为失效催化剂重量的 20%，碳酸钠加入量为失效催化剂重量的 20%，氟化钙加入量为失效催化剂重量

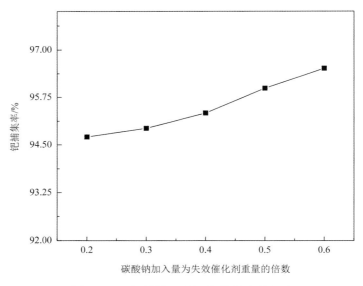

图 4-114　碳酸钠加入量对钯捕集率的影响

的 30%，焦炭加入量为失效催化剂重量的 20%，改变硼砂的加入量，在熔炼炉中 1350℃
下，熔炼 30min，考察硼砂加入量对钯捕集率的影响，结果见图 4-115。

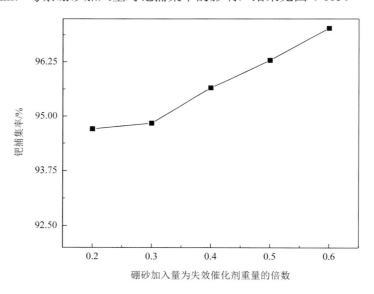

图 4-115　硼砂加入量对钯捕集率的影响

由图 4-115 可知，钯的捕集率随硼砂加入量的增加而增大，在硼砂加入量为失效
催化剂重量的 20% 增加到 60% 的过程中，钯捕集率呈相对稳定的直线上升趋势，在硼
砂加入量为失效催化剂重量的 50%～60% 内，钯捕集率从 95.72% 提高至 96.51%，仅提
高了 0.79 个百分点，提升并不明显，继续增加硼砂的加入量会导致试剂成本升高，经
济效益降低。综合考虑，硼砂加入量为失效催化剂重量的 60%。

7. 氟化钙加入量对钯捕集率的影响

研究条件：黄铁矿加入量为失效催化剂重量的 80%，石英砂加入量为失效催化剂重量的 2 倍，石灰石加入量为失效催化剂重量的 1 倍，还原铁粉加入量为失效催化剂重量的 20%，碳酸钠加入量为失效催化剂重量的 20%，硼砂加入量为失效催化剂重量的 20%，焦炭加入量为失效催化剂重量的 20%，改变氟化钙的加入量，在熔炼炉中 1350℃下，熔炼 30min，考察氟化钙加入量对钯捕集率的影响，结果见图 4-116。

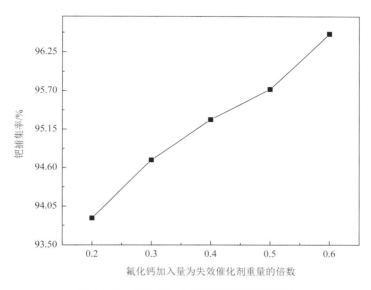

图 4-116　氟化钙加入量对钯捕集率的影响

从图 4-116 中可以看出，随着氟化钙加入量的增加，钯捕集率逐渐升高。在氟化钙加入量为失效催化剂重量的 20%增加至 60%的过程中，钯捕集率从 93.88%提高至 96.51%，提高了 2.63 个百分点。

4.9.3　熔炼产物表征

采用 X 射线衍射仪对造锍熔炼所产生的铁锍和熔炼渣进行物相分析，分析结果见图 4-117 和图 4-118。

从图 4-117 可以看出，锍的主要物相为 FeS，其他物质未呈现出。

从图 4-118 可以看出，熔炼渣的主要物相为 $CaO·Al_2O_3·SiO_2$，其他物质未呈现出。

4.9.4　原料制备与方法

得到的捕集产物铁锍用制样机粉碎至粒度小于 0.18mm 的粉末，颜色呈黑色，如图 4-119 所示。

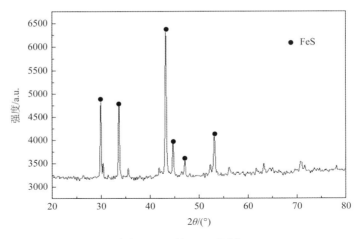

图 4-117　铳 XRD 图谱

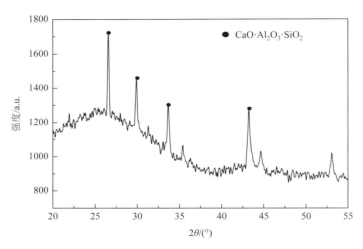

图 4-118　熔炼渣 XRD 图谱

图 4-119　铁铳粉末

根据实验方案所定的硫酸浓度、浸出温度、浸出时间、液固比、粒度进行条件实验。用制样机将其磨成粒度为–80～＋180 目的粉末，铁铳倒入烧杯中浸出，控制浸出温度、时间、硫酸浓度等条件，浸出结束后抽滤，浸出渣烘干称重，计算富集比。

4.9.5 富集钯实验

1. 硫酸浓度对钯富集比的影响

研究条件：浸出温度 65℃、浸出时间 40min、液固比 6∶1、粒度–140～＋160 目，研究硫酸浓度对钯富集比的影响，结果如图 4-120 所示。

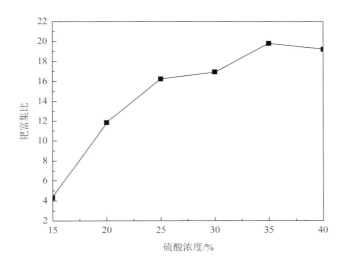

图 4-120 硫酸浓度对钯富集比的影响

由图 4-120 可知，硫酸浓度由 15%增加至 35%，钯富集比连续增大。硫酸浓度为 15%时，钯富集比为 4.3；当硫酸浓度增加至 20%时，钯富集比增至 11.8，增幅最为明显。之后随着硫酸浓度的增加，钯的富集比逐渐增大，但是富集比的增幅却逐渐减小，直到硫酸浓度增加到 35%时，富集比达到 19.8，之后增加硫酸浓度，钯富集比降低，综合考虑铁铳浸出的最佳硫酸浓度应为 35%。

2. 浸出温度对钯富集比的影响

研究条件：硫酸浓度 35%、浸出时间 40min、液固比 6∶1、粒度–140～＋160 目，研究浸出温度对钯富集比的影响，结果如图 4-121 所示。

由图 4-121 可知，浸出温度由 25℃增加至 65℃，钯富集比连续增大。浸出温度为 25℃时，钯富集比为 11.4，随着温度逐渐升高，钯富集比不断增加，但增幅不明显，当浸出温度升至 65℃时钯的富集比增至 19.8。进一步增加温度，钯富集比降低。综合考虑，最佳浸出温度应为 65℃。

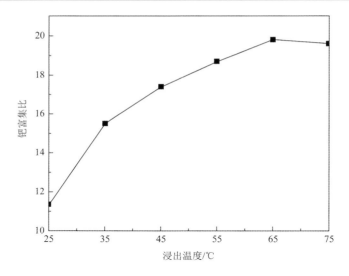

图 4-121　浸出温度对钯富集比的影响

3. 浸出时间对钯富集比的影响

研究条件：浸出温度 65℃、硫酸浓度 35%、液固比 6∶1、粒度−140～＋160 目，研究浸出时间对钯富集比的影响，结果如图 4-122 所示。

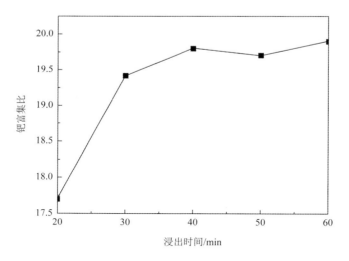

图 4-122　浸出时间对钯富集比的影响

由图 4-122 可知，浸出时间由 20min 增加至 40min，钯的富集比连续增大。浸出时间为 20min 时，钯富集比为 17.7；当温度增至 30min 时，钯富集比为 19.4，钯富集比的增幅很大。当浸出时间由 30min 增加至 40min 时，钯富集比变为 19.8，虽然富集比增加了，但是增幅明显降低了。之后增加浸出时间钯富集比的增加量趋于零，综合考虑，最佳浸出时间应为 40min。

4. 液固比对钯富集比的影响

研究条件：浸出温度 65℃、硫酸浓度 35%、浸出时间 40min、粒度−140～＋160 目，研究液固比对钯富集比的影响，结果如图 4-123 所示。

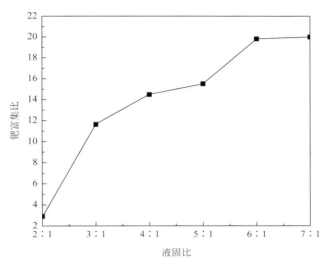

图 4-123　液固比对钯富集比的影响

从图 4-123 可以看出，液固比由 2∶1 增加至 6∶1，钯富集比连续增大。液固比为 2∶1 时，钯的富集比不到 3；当液固比变为 3∶1 时，钯富集比变为 11.6，增幅最大；之后增加液固比，钯富集比增幅逐渐变小。当液固比增加至 6∶1 时，富集比增幅又突然增大，富集比增加至 19.8。之后提高液固比，钯富集比的增幅趋近于零。综合考虑，最佳液固比应为 6∶1。

5. 粒度对钯富集比的影响

研究条件：浸出温度 65℃、硫酸浓度 35%、浸出时间 40min、液固比 6∶1，探究铁锍粒度对钯富集比的影响，结果如图 4-124 所示。

由图 4-124 可知，铁锍粒度由−80～＋100 目变为−140～＋160 目，钯富集比连续增大。铁锍粒度为−80～＋100 目时钯富集比为 19.7，当粒度变为−120～＋140 目时钯的富集比增加至 20.3。虽然富集比呈增长趋势，但增幅并不大。当粒度由−120～＋140 目变为−140～＋160 目时钯富集比从 20.3 增加至 23.2。之后再减小铁锍颗粒的粒度，钯的富集比变化不明显。综合考虑，浸出实验的最佳粒度应为−140～＋160 目。

4.9.6　验证实验

通过实验研究，获得最佳浸出工艺参数：硫酸质量浓度为 35%，浸出时间为 40min，液固比为 6∶1，浸出温度为 65℃，粒度为−140～＋160 目。使用 X 射线衍射仪对上述条

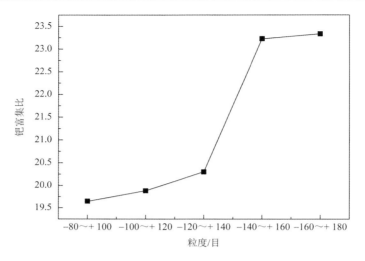

图 4-124　粒度对钯富集比的影响

件下实验的浸出渣进行物相分析,分析结果如图 4-125 所示。再采用扫描电镜对其进行元素分析,结果见图 4-126 和图 4-127。

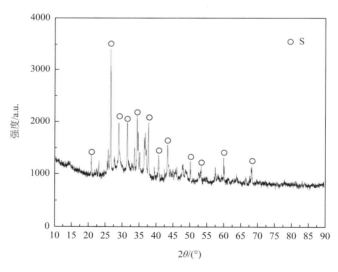

图 4-125　浸出渣的 XRD 图谱

由图 4-125 可知,浸出渣的主要物相是单质硫。从图 4-126 和图 4-127 可以看出,浸出渣中主要元素为硫,少量为铁和氧等,成分均匀,并且与衍射分析结果吻合。

4.9.7　小结

失效氧化铝载体钯催化剂与黄铁矿、熔剂、还原剂等混合进行造锍熔炼,可有效捕集钯,主要工艺参数如下。

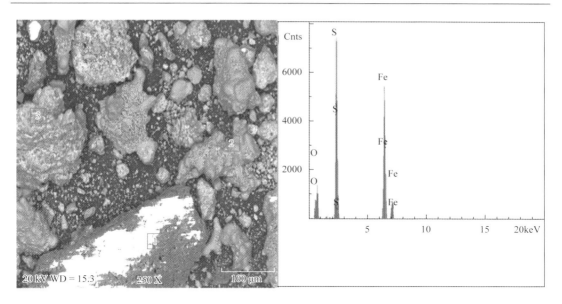

图 4-126　富集渣物料的表面形貌及其 EDS 面扫描能谱图 8

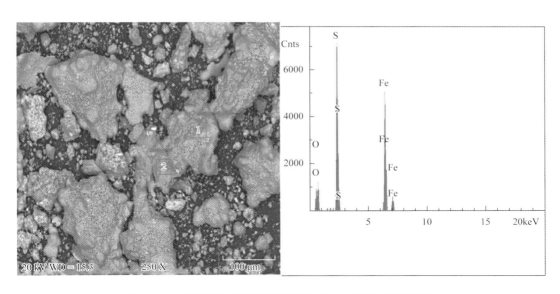

图 4-127　富集渣物料的表面形貌及其 EDS 面扫描能谱图 9

（1）黄铁矿加入量为失效催化剂重量的 80%；石英砂加入量为失效催化剂重量的 2 倍，石灰石加入量为失效催化剂重量的 1 倍，还原铁粉加入量为失效催化剂重量的 20%，碳酸钠加入量为失效催化剂重量的 20%，硼砂加入量为失效催化剂重量的 20%，焦炭加入量为失效催化剂重量的 20%，在熔炼炉中 1350℃下，熔炼 30min。实验表明，在此熔炼条件下，钯捕集率大于 96%，铁锍与熔炼渣分离效果好。

（2）铁锍浸出工艺为：硫酸质量浓度为 35%、浸出时间为 40min、液固比为 6∶1、浸出温度为 65℃、粒度为–140～＋160 目。在此实验条件下，钯富集比达到 23.2。

4.10 加黄铁矿熔炼捕集失效汽车催化剂湿法渣中铂和钯的技术

4.10.1 捕集技术原理

失效汽车催化剂经湿法浸出后，含有一定量的铂和钯，价值高，回收意义大，再用王水或氯酸钠等浸出，难以获得满意的经济效益。为此开展火法富集，优先抛弃催化剂载体，再采用湿法浸出富集，获含铂和钯富集物。

基于铁锍具有捕集铂族金属的能力，选择黄铁矿为捕集剂，即黄铁矿在还原熔炼条件下生成铁锍（FeS）并捕集铂和钯，采用稀酸选择性浸出铁，获得铂和钯富集物。

4.10.2 实验原料

图 4-128　湿法提取失效催化剂后的残渣

本实验使用的实验原料是湿法提取失效汽车尾气净化催化剂后的残渣，原料经焙烧干燥脱水后放入球磨机中细磨，最后得到灰白色粉末状，如图 4-128 所示。取部分样品分析，剩下物料作为本次实验的原料。湿法提取失效催化剂后的残渣中铂、钯的含量分别为 16.9g/t、32.1g/t。

原料的物相分析：采用 XRD 对湿法提取失效汽车尾气净化催化剂后的残渣进行物相表征，分析结果见图 4-129。

XRD 分析结果表示：在湿法提取失效汽车尾气净化催化剂后的残渣中，主要成分是硫酸盐稀土 $NaCe（SO_4）_2H_2O$ 和堇青石 $Mg_2Al_4Si_5O_{18}$，属陶瓷性质。活性成分铂、钯在催化剂中以微细的金属粒子形态存在；氧化物、硫化物等形态未见明显存在。

4.10.3 熔炼捕集失效催化剂中铂和钯实验

1. 黄铁矿加入量对铂和钯捕集率的影响

研究条件：石英砂加入量为失效催化剂重量的 2 倍，石灰石加入量为失效催化剂重量的 1 倍，还原铁粉加入量为失效催化剂重量的 20%，焦炭加入量为失效催化剂重量的 20%，氟化钙加入量为失效催化剂重量的 30%，硼砂加入量为失效催化剂重量的 20%，碳酸钠加入量为失效催化剂重量的 20%，改变黄铁矿加入量，在熔炼炉中 1350℃下，熔炼 2h，考察黄铁矿加入量对铂和钯捕集率的影响，结果见图 4-130。

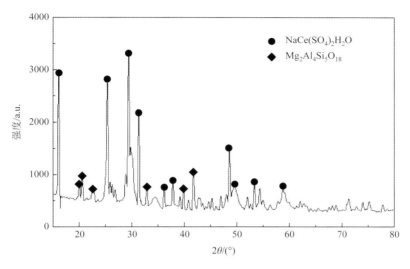

图 4-129　残渣 XRD 图谱

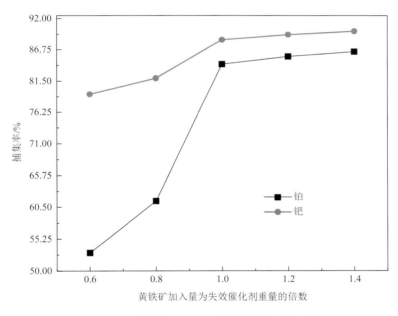

图 4-130　黄铁矿加入量对铂和钯捕集率的影响

从图 4-130 可以看出，黄铁矿加入量为失效催化剂的 60%增加到 1 倍的过程中，铂、钯捕集率快速提高，铂捕集率从 52.96%提升至 84.31%，钯捕集率从 79.30%提升至 88.41%。继续增加黄铁矿加入量，铂、钯捕集率上升不明显而是趋于平缓，综合铂、钯回收率及试剂成本因素考虑，黄铁矿最佳加入量为失效催化剂重量的 1 倍。

2. 石英砂加入量对铂和钯捕集率的影响

研究条件：黄铁矿加入量为失效催化剂重量的 1 倍，石灰石加入量为失效催化剂重量的 1 倍，还原铁粉加入量为失效催化剂重量的 20%，焦炭加入量为失效催化剂重量的 20%，氟化钙加入量为失效催化剂重量的 30%，硼砂加入量为失效催化剂重量的 20%，碳酸钠加入量为失效催化剂重量的 20%，改变石英砂加入量，在熔炼炉中 1350℃下，熔炼 2h，考察石英砂加入量对铂和钯捕集率的影响，结果见图 4-131。

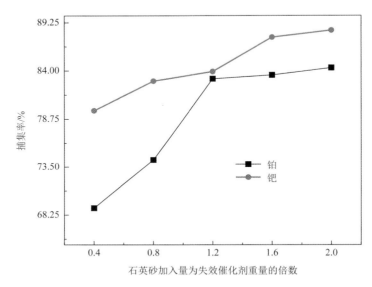

图 4-131　石英砂加入量对铂和钯捕集率的影响

由图 4-131 可以看出，在石英砂加入量增加的过程中，铂、钯的捕集率均呈上升趋势，当石英砂加入量增加到失效催化剂重量的 1.6 倍时，铂、钯捕集率增大到 83.54%、87.65%。因为石英砂加入有利于降低渣相的黏度，提高渣的流动性，从而提高铂、钯捕集率。继续增加石英砂加入量，捕集率上升不明显而是趋于平缓。综合考虑，确定石英砂最佳加入量为失效催化剂重量的 1.6 倍。

3. 石灰石加入量对铂和钯捕集率的影响

研究条件：黄铁矿加入量为失效催化剂重量的 1 倍，石英砂加入量为失效催化剂重量的 2 倍，还原铁粉加入量为失效催化剂重量的 20%，焦炭加入量为失效催化剂重量的 20%，氟化钙加入量为失效催化剂重量的 30%，硼砂加入量为失效催化剂重量的 20%，碳酸钠加入量为失效催化剂重量的 20%，改变石灰石加入量，在熔炼炉中 1350℃下，熔炼 2h，考察石灰石加入量对铂和钯捕集率的影响，结果见图 4-132。

从图 4-132 可以看出，铂、钯捕集率随着石灰石加入量增加呈上升趋势。当石灰石加入量为失效催化剂重量的 1 倍到 1.2 倍时，铂捕集率上升不明显，呈平缓趋势。综合考虑，石灰石最佳加入量为失效催化剂重量的 1 倍。

4. 还原铁粉加入量对铂和钯捕集率的影响

研究条件：黄铁矿加入量为失效催化剂重量的 1 倍，石英砂加入量为失效催化剂重

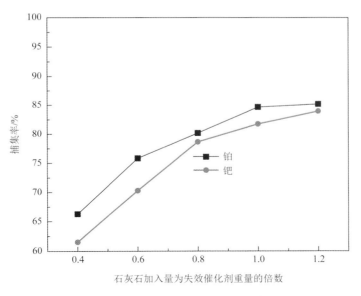

图 4-132　石灰石加入量对铂和钯捕集率的影响

量的 2 倍,石灰石加入量为失效催化剂重量的 1 倍,焦炭加入量为失效催化剂重量的 20%,氟化钙加入量为失效催化剂重量的 30%, 硼砂加入量为失效催化剂重量的 20%, 碳酸钠加入量为失效催化剂重量的 20%,改变还原铁粉加入量,在熔炼炉中 1350℃下,熔炼 2h,考察还原铁粉加入量对铂和钯捕集率的影响,结果见图 4-133。

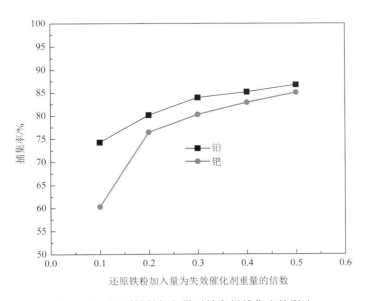

图 4-133　还原铁粉加入量对铂和钯捕集率的影响

从图 4-133 可以看出,在还原铁粉用量增加的过程中,铂、钯的捕集率稳步上升,但综合铂、钯捕集率考虑,最终确定还原铁粉的加入量为失效催化剂重量的 20%。

5. 碳酸钠加入量对铂和钯捕集率的影响

研究条件：石英砂加入量为失效催化剂重量的 2 倍，石灰石加入量为失效催化剂重量的 1 倍，焦炭加入量为失效催化剂重量的 20%，氟化钙加入量为失效催化剂重量的 30%，硼砂加入量为失效催化剂重量的 20%，还原铁粉加入量为失效催化剂重量的 20%，改变碳酸钠加入量，在熔炼炉中 1350℃下，熔炼 2h，考察碳酸钠加入量对铂和钯捕集率的影响，结果见图 4-134。

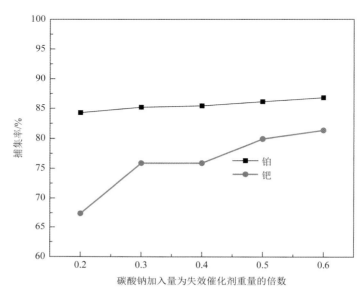

图 4-134　碳酸钠加入量对铂和钯捕集率的影响

由图 4-134 可以看出，铂、钯的捕集率随着碳酸钠加入量逐渐增加，铂捕集率受碳酸钠加入量影响较小，钯捕集率受碳酸钠加入量影响较大。综合考虑，确定碳酸钠最佳加入量为失效催化剂重量的 60%。

6. 硼砂加入量对铂和钯捕集率的影响

研究条件：石英砂加入量为失效催化剂重量的 2 倍，石灰石加入量为失效催化剂重量的 1 倍，焦炭加入量为失效催化剂重量的 20%，氟化钙加入量为失效催化剂重量的 30%，碳酸钠加入量为失效催化剂重量的 20%，还原铁粉加入量为失效催化剂重量的 20%，改变硼砂加入量，在熔炼炉中 1350℃下，熔炼 2h，考察硼砂加入量对铂和钯捕集率的影响，结果见图 4-135。

由图 4-135 可以看出，在硼砂加入量增加的过程中，铂的捕集率整体呈上升趋势，但上升趋势不明显，较平缓，说明硼砂用量对铂捕集率的影响不太明显。在硼砂加入量从失效催化剂重量的 20%增加到 60%的过程中，钯捕集率呈直线上升趋势。综合考虑，确定硼砂最佳加入量为失效催化剂重量的 60%。

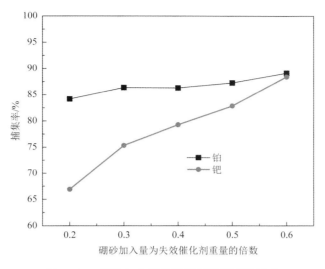

图 4-135　硼砂加入量对铂和钯捕集率的影响

7. 氟化钙加入量对铂和钯捕集率的影响

研究条件：石英砂加入量为失效催化剂重量的 2 倍，石灰石加入量为失效催化剂重量的 1 倍，焦炭加入量为失效催化剂重量的 20%，硼砂加入量为失效催化剂重量的 20%，碳酸钠加入量为失效催化剂重量的 20%，还原铁粉加入量为失效催化剂重量的 20%，改变氟化钙加入量，在熔炼炉中 1350℃下，熔炼 2h，考察氟化钙加入量对铂和钯捕集率的影响，结果见图 4-136。

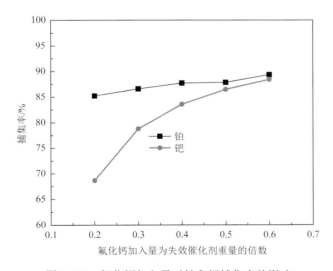

图 4-136　氟化钙加入量对铂和钯捕集率的影响

从图 4-136 可以看出，在氟化钙加入量增加的过程中，铂、钯捕集率随着氟化钙加入量增加整体呈上升趋势，但铂上升幅度平缓，说明氟化钙的用量对铂捕集率的影响不大，钯上升快，说明受氟化钙加入量影响大。综合考虑，确定氟化钙最佳加入量为失效催化剂重量的 30%。

4.10.4　熔炼产物表征

实验采用 X 射线衍射仪对熔炼后获得的铁锍合金和渣进行表征，结果如图 4-137 和图 4-138 所示。

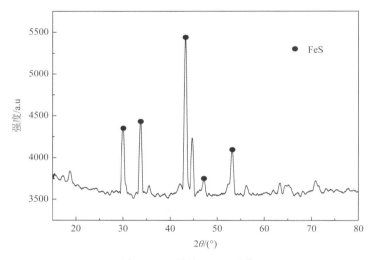

图 4-137　铁锍 XRD 图谱

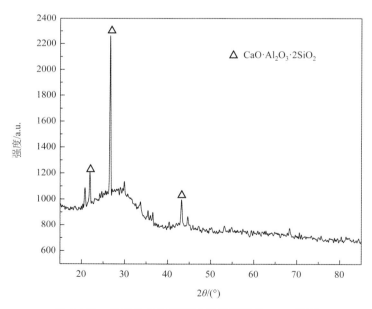

图 4-138　最佳条件下熔炼捕集后残渣的 XRD 图谱

从图 4-137 可以看出，锍的主要物相为 FeS，其他物质未呈现出。

由图 4-138 可知，熔渣的主要物相是 $CaO \cdot Al_2O_3 \cdot 2SiO_2$ 固相化合物，其他物质未出现。说明造渣剂充分完成造渣过程，且造锍熔炼较完全。

4.10.5　稀酸选择性浸出铁锍中铁和铂钯收率的实验

1. 硫酸浓度对铂、钯收率和除铁率的影响

浸出条件：液固比 10：1、浸出时温度 50℃、浸出时间为 120min，研究硫酸浓度对除铁率和铂、钯收率的影响，其结果如图 4-139 所示。

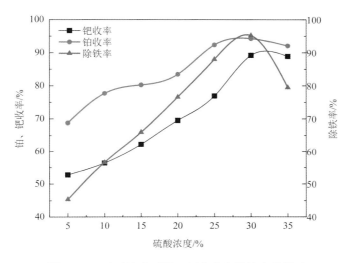

图 4-139　硫酸浓度对铂、钯收率和除铁率的影响

由图 4-139 可知，当硫酸浓度达到 30%左右时，曲线都出现了峰值，即铂、钯收率最大，除铁率也是最高。当硫酸的浓度低于峰值时，随着硫酸浓度逐渐增加，除铁率和铂、钯的收率均呈上升趋势。当硫酸浓度从 5%增加至 30%时，除铁率由 45.4%提高到 95.2%，钯的收率由 52.7%提高到 88.9%，铂的收率由 68.8%提高到 92.05%。当硫酸的浓度高于峰值时，随着硫酸浓度逐渐增加，铂、钯收率均呈缓慢下降趋势，而除铁率下降趋势比较明显。硫化亚铁与高浓度的硫酸反应时可能产生硫单质，浸出渣中进入了新物质，增加了渣的质量，从而影响了铂、钯的收率。因此，综合考虑，浸出过程中硫酸浓度在 30%比较合适。

2. 液固比对铂、钯收率和除铁率的影响

浸出条件：硫酸浓度 30%、浸出时温度 50℃、浸出时间为 120min。研究液固比对铂、钯收率和除铁率的影响，其结果如图 4-140 所示。

由图 4-140 可知，图中曲线在一定范围内，除铁率和铂、钯的收率均呈上升趋势，当液固比从 2：1 提高至 6：1 时，除铁率从 57.5%提高到 84.2%，钯的收率由 53.4%提高到 93.03%，铂的收率由 40.3%提高到 85.5%。图中三条曲线都出现了峰值，但随着

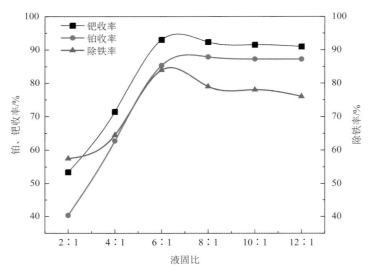

图 4-140　液固比对铂、钯收率和除铁率的影响

液固比从 6∶1 增加到 12∶1，除铁率和铂、钯收率三条曲线呈现平缓趋势。过滤出的浸出渣，烘干后称重，发现 2∶1～6∶1 得到的浸出渣为 3.24～1.57g，而 8∶1～12∶1 后浸出渣的质量改变甚微，说明当液固比达到一定时，再增加液固比收率变化不大，且液固比增加反应剩余的硫酸也随着增加，后期处理废液时比较复杂、污染环境。因此，综合考虑，浸出过程中液固比在 6∶1 比较合适。

3. 浸出时间对铂、钯收率和除铁率的影响

浸出条件：液固比 10∶1、浸出时温度 50℃、硫酸浓度 30%，研究浸出时间对铂、钯收率和除铁率效果的影响，结果如图 4-141 所示。

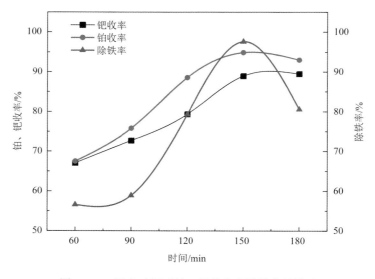

图 4-141　浸出时间对铂、钯收率和除铁率的影响

由图 4-141 可知，图中三条线在 60~150min 时，除铁率和铂、钯的收率呈上升趋势。当浸出时间从 60min 提高至 150min 时，除铁率从 56.56%提高到 97.6%，钯的收率由 67.0%提高到 88.9%，铂的收率由 67.5%提高到 94.9%。当浸出时间为 150min 时，铂、钯的收率和除铁率是最大值。在图 4-141 中浸出时间超过 150min 后，铂、钯的收率均呈略微降低趋势，除铁率曲线明显下降，从 97.6%下降到 80.6%。原料中的 Fe 主要以硫化物的形式存在，与硫酸反应较快。但随着浸出时间的延长，挥发量增加，Fe 发生部分水解沉淀于渣中，从而影响了铂、钯的收率和除铁率。因此，综合考虑，浸出过程中浸出时间在 150min 比较合适。

4. 浸出温度对铂、钯收率和除铁率的影响

浸出条件：液固比 10:1、硫酸浓度 30%、浸出时间为 120min，研究浸出温度对除铁率和铂、钯收率效果的影响，结果如图 4-142 所示。

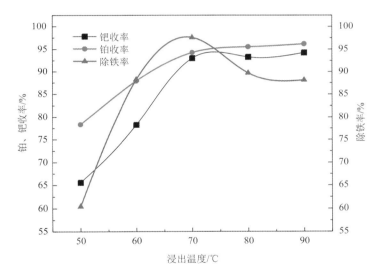

图 4-142　浸出温度对铂、钯收率和除铁率的影响

由图 4-142 可知，三条线在 50~70℃时，除铁率和铂、钯的收率均呈上升趋势。当浸出温度从 50℃提高至 70℃时，除铁率从 61.25%提高到 97.60%，钯的收率由 65.50%提高到 93.03%，铂的收率由 78.30%提高到 94.30%。当温度大于 70℃时，铂、钯的收率曲线趋于平缓上升，浸出温度从 70℃提高至 90℃时，铂、钯的收率仅上升了 1 个百分点，而除铁率降低了 9.1 个百分点。随着温度增加，硫酸的蒸发量也增加，从而影响了除铁率。因此，综合考虑，浸出过程中浸出温度在 70℃比较合适。

4.10.6　小结

采用还原熔炼生成铁锍捕集铂和钯是可行的，主要工艺参数如下。

（1）火法捕集：石英砂加入量为失效催化剂重量的 2 倍，石灰石加入量为失效催化剂重量的 1 倍，焦炭加入量为失效催化剂重量的 20%，硼砂加入量为失效催化剂重量的 20%，碳酸钠加入量为失效催化剂重量的 20%，还原铁粉加入量为失效催化剂的 20%，氟化钙加入量为失效催化剂重量的 30%，在熔炼炉中 1350℃熔炼 2h，在此条件下，金属铂、钯的综合回收率分别为 87.80%、90.32%。熔炼所得的锍中主要以 FeS 存在，熔渣主要以 CaO·Al$_2$O$_3$·2SiO$_2$ 存在。

（2）湿法富集：硫酸浓度 30%，液固比 6∶1，浸出温度为 70℃，浸出时间 150min，最佳浸出条件下除铁率 97.60%，铂收率在 94.3%，钯收率在 97.6%。由实验数据可知，在一定范围内随着除铁率增加，铂、钯收率也增加。

4.11 加硫酸镍熔炼捕集废汽车催化剂湿法渣中铂和钯的技术

4.11.1 捕集技术原理

六水硫酸镍加碳还原形成镍锍，为良好的铂钯捕集剂，由于形成镍锍的密度大，沉入熔炼坩埚底部，从而达到渣与锍分离的目的。相关的化学反应如下：

$$NiSO_4 + 4C \Longrightarrow NiS + 4CO \uparrow \tag{4-31}$$
$$3NiS \Longrightarrow Ni_3S_2 + 1/2S_2 \tag{4-32}$$

六水硫酸镍的捕集、锍的形成需从热力学角度进行研究，相关热力学数据如表 4-4 所示。

表 4-4 相关热力学数据

项目	C	CO	NiSO$_4$	Ni$_3$S$_2$	S$_2$	NiS
$\Delta H_f^{\ominus}$ /(kJ/ mol)	0	−110.541	−870.690	−163.176	128.658	−82.000
$\Delta S^{\ominus}$ /[J/ (K·mol)]	5.732	197.527	113.805	133.930	228.028	52.969

对于反应式（4-31）有

$\Delta H_f^{\ominus} = (-4 \times 110.541 - 82.000 + 870.690) \times 1000 = 346526$kJ/mol；

$\Delta S^{\ominus} = 4 \times 197.527 + 52.969 - 4 \times 5.732 - 113.805 = 706.344$J/(K·mol)；

$\Delta G_f^{\ominus} = \Delta H_f^{\ominus} - \Delta S^{\ominus} \cdot T = 346526 - 706.344 \cdot T$

当 $\Delta G_f^{\ominus} = 0$ 时，$\Longrightarrow T = 490.59$K

对于反应式（4-32）有

$\Delta H_f^{\ominus} = (-163.176 + 1/2 \times 128.658 + 3 \times 82.0) \times 1000 = 147153$kJ/mol；

$\Delta S^{\ominus} = 133.930 + 1/2 \times 228.028 - 3 \times 52.969 = 89.037$J/K·mol；

$\Delta G_f^{\ominus} = \Delta H_f^{\ominus} - \Delta S^{\ominus} \cdot T = 147153 - 89.037 \cdot T$

当 $\Delta G_f^{\ominus} = 0$ 时，$\Longrightarrow T = 1652.7174$K

由此可知，反应式（4-31）和反应式（4-32）在现有火法冶金条件下可以达到。另外，本实验研究温度在 1673K，即造锍熔炼温度在 1673K 时，$\Delta G_f^{\ominus} = -1805.901\text{J/mol}$；在造锍熔炼温度范围内，$\Delta G_f^{\ominus} < 0$，采用六水硫酸镍捕集铂族金属是可行的。

4.11.2　提取工艺流程

实验称取一定量的浸出渣，按不同配比加入硫酸镍、还原剂、造渣剂、熔剂后，进行混匀，将物料装入石墨黏土坩埚内并抬到温度已升到 1350℃的坩埚电阻炉进行熔炼，控制熔炼时间，熔炼结束取出石墨黏土坩埚，待熔体冷却后进行渣相和合金相分离。工艺流程如图 4-143 所示。

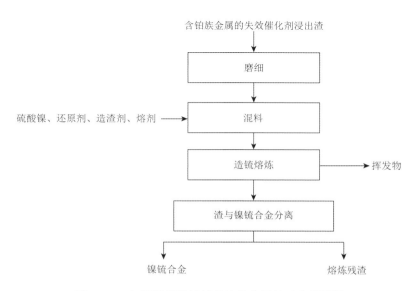

图 4-143　加硫酸镍熔炼捕集铂族金属的工艺流程图

4.11.3　加硫酸镍熔炼捕集废汽车催化剂湿法渣中铂和钯实验

1. 硫酸镍加入量对铂和钯捕集率的影响

捕集条件：石英砂加入量为失效催化剂重量的 2 倍，石灰石加入量为失效催化剂重量的 1 倍，碳酸钠加入量为失效催化剂重量的 30%，氟化钙加入量为失效催化剂重量的 30%，硼砂加入量为失效催化剂重量的 30%，焦炭加入量为失效催化剂重量的 40%，改变硫酸镍加入量，在熔炼炉中 1350℃下，熔炼 2h，考察硫酸镍加入量对铂和钯捕集率的影响，结果见图 4-144。

由图 4-144 可知，随着硫酸镍加入量的增加，铂和钯的捕集率均有所提升，在硫酸镍加入量为失效催化剂重量的 2.4 倍提升到 3.6 倍的过程中，铂捕集率从 78.18%提升到 90.01%，提升了 12 个百分点左右；钯捕集率从 87.85%提升到 90.85%，提升较小；在硫酸镍加入量为失效催化剂重量的 3.6 倍提升到 4 倍的过程中，铂捕集率提升较小，钯捕

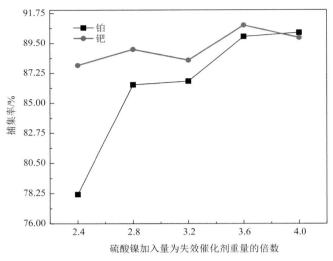

图 4-144　硫酸镍加入量对铂和钯捕集率的影响

集率有所降低。熔炼过程中，硫酸镍加入量过少，捕集剂与铂族金属接触不充分，导致捕集率降低；但硫酸镍过多时，则易形成大颗粒，沉降速率增加，从而降低铂族金属的捕集效果。综合考虑，硫酸镍加入量为失效催化剂重量的 3.6 倍。

2. 石英砂加入量对铂和钯捕集率的影响

捕集条件：硫酸镍加入量为失效催化剂重量的 3.6 倍，石灰石加入量为失效催化剂重量的 1 倍，碳酸钠加入量为失效催化剂重量的 30%，氟化钙加入量为失效催化剂重量的 30%，硼砂加入量为失效催化剂重量的 30%，焦炭加入量为失效催化剂的 40%，改变石英砂加入量，在熔炼炉中 1350℃下，熔炼 2h，考察石英砂加入量对铂和钯捕集率的影响，结果见图 4-145。

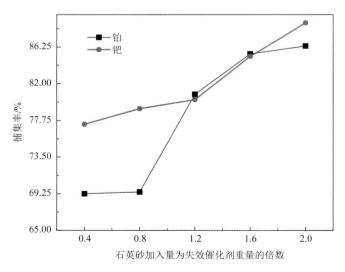

图 4-145　石英砂加入量对铂和钯捕集率的影响

由图 4-145 可知，随着石英砂加入量的增加，铂和钯捕集率均呈上升趋势，在石英砂加入量为失效催化剂重量的 40% 增加到 2.0 倍过程中，铂的捕集率从 69.25% 增加到 86.38%，增加了 17 个百分点左右；钯的捕集率从 77.33% 增加到 89.04%，增加了 12 个百分点左右。石英砂加入量对铂和钯捕集率影响效果显著，石英砂加入量的增加有利于降低渣相的黏度，提高渣的流动性，减少渣中合金夹杂，从而降低渣中的铂族金属含量。综合考虑，石英砂加入量为失效催化剂重量的 2.0 倍。

3. 石灰石加入量对铂和钯捕集率的影响

捕集条件：硫酸镍加入量为失效催化剂重量的 3.6 倍，石英砂加入量为失效催化剂重量的 2 倍，碳酸钠加入量为失效催化剂重量的 30%，氟化钙加入量为失效催化剂重量的 30%，硼砂加入量为失效催化剂重量的 30%，焦炭的加入量为失效催化剂的 40%，改变石灰石加入量，在熔炼炉中 1350℃下，熔炼 2h，考察石灰石加入量对铂和钯捕集率的影响，结果见图 4-146。

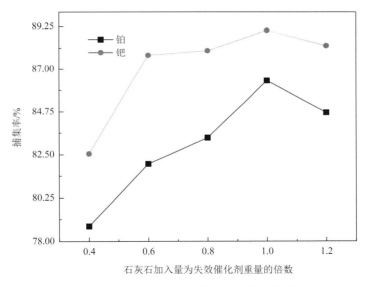

图 4-146　石灰石加入量对铂和钯捕集率的影响

由图 4-146 可知，在石灰石加入量为失效催化剂重量的 40% 增加到 1 倍的过程中，铂的捕集率从 78.77% 增加到 86.38%，钯的捕集率从 82.54% 增加到 89.04%，继续增加石灰石加入量铂和钯的捕集率降低，原因是加入的石灰石会与原料中的 SiO_2 及 Al_2O_3 等形成熔点较低的渣相，导致渣的黏度过小，使得捕集剂硫酸镍尚未和焦炭完全发生反应便沉降到坩埚底部，捕集效果变差，从而使得铂和钯捕集率降低。综合考虑，石灰石加入量为失效催化剂重量的 1 倍。

4. 碳酸钠加入量对铂和钯捕集率的影响

捕集条件：硫酸镍加入量为失效催化剂重量的 3.6 倍，石英砂加入量为失效催化剂重量的 2 倍,氟化钙加入量为失效催化剂重量的 30%,硼砂加入量为失效催化剂重量的 30%,焦炭加入量为失效催化剂的 40%,改变碳酸钠加入量,在熔炼炉中 1350℃下,熔炼 2h,考察碳酸钠加入量对铂和钯捕集率的影响,结果见图 4-147。

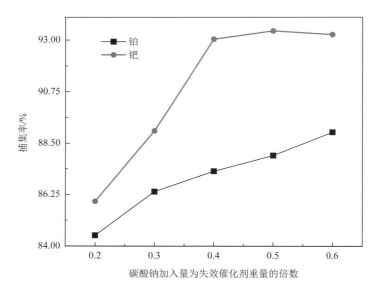

图 4-147　碳酸钠加入量对铂和钯捕集率的影响

由图 4-147 可知,碳酸钠加入量为失效催化剂重量的 20% 增加到 30% 的过程中,铂捕集率由 84.47% 增加到 86.38%,钯捕集率从 85.95% 增加到 89.04%;在碳酸钠加入量为失效催化剂重量的 30% 增加到 50% 的过程中,铂捕集率增加到 87.96%,钯捕集率增加到 93.40%;继续增加碳酸钠的加入量,铂捕集率略有增加,钯捕集率趋于平缓,综合考虑碳酸钠加入量为失效催化剂重量的 50%。

5. 硼砂加入量对铂和钯捕集率的影响

捕集条件:硫酸镍加入量为失效催化剂重量的 3.6 倍,石英砂加入量为失效催化剂重量的 2 倍,石灰石加入量为失效催化剂重量的 1 倍,氟化钙加入量为失效催化剂重量的 30%,焦炭加入量为失效催化剂的 40%,改变硼砂加入量,在熔炼炉中 1350℃下,熔炼 2h,考察硼砂加入量对铂和钯捕集率的影响,结果见图 4-148。

由图 4-148 可知,随着硼砂加入量的增加,铂和钯的捕集率均呈上升趋势,在硼砂加入量为失效催化剂重量的 20% 增加到 50% 过程中,铂捕集率由 83.66% 增加到 88.22%,钯捕集率由 89.13% 增加到 90.2%;继续增加硼砂加入量,铂和钯捕集率增加较慢。综合考虑,确定硼砂加入量为失效催化剂重量的 50%。

6. 氟化钙加入量对铂和钯捕集率的影响

捕集条件:硫酸镍加入量为失效催化剂重量的 3.6 倍,石英砂加入量为失效催化剂

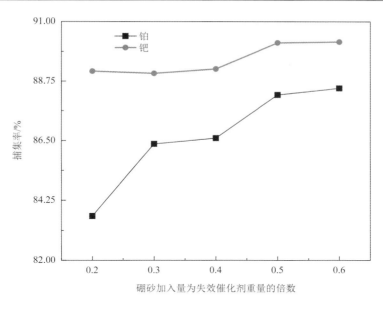

图 4-148　硼砂加入量对铂和钯捕集率的影响

重量的 2 倍，石灰石加入量为失效催化剂重量的 1 倍，碳酸钠加入量为失效催化剂重量的 60%，硼砂加入量为失效催化剂重量的 50%，焦炭加入量为失效催化剂的 40%，改变氟化钙加入量，在熔炼炉中 1350℃下，熔炼 2h，考察氟化钙加入量对铂和钯捕集率的影响，结果见图 4-149。

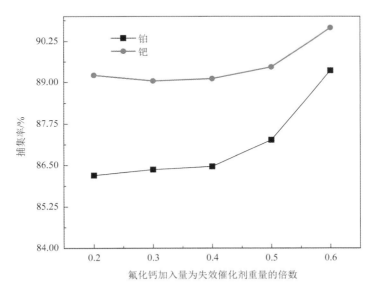

图 4-149　氟化钙加入量对铂和钯捕集率的影响

由图 4-149 可知，随着氟化钙加入量增加，铂和钯捕集率均呈现上升趋势，氟化钙加入量从失效催化剂重量的 20%增加到 60%，铂捕集率从 86.2%增加到 89.36%，钯捕集率从 89.22%增加到 90.66%。这是因为氟化钙的加入可以降低渣相黏度，有利于合金微粒在捕集过程中沉降，减少渣中铂和钯的夹杂，提高硫酸镍捕集铂和钯效率。所以氟化钙最佳加入量为失效催化剂重量的 60%。

综上，得到最佳熔炼工艺条件为：硫酸镍加入量为失效催化剂重量的 3.6 倍，石英砂加入量为失效催化剂重量的 2 倍，石灰石加入量为失效催化剂重量的 1 倍，碳酸钠加入量为失效催化剂重量的 60%，硼砂加入量为失效催化剂重量的 50%，氟化钙加入量为失效催化剂重量的 60%，焦炭加入量为失效催化剂重量的 40%，熔炼温度 1350℃，熔炼时间 2h。在此条件下，铂、钯的捕集率可达 90%以上。

4.11.4　熔炼产物表征

采用 X 射线衍射仪对熔炼后获得的镍锍合金和渣进行表征，结果如图 4-150 和图 4-151 所示。

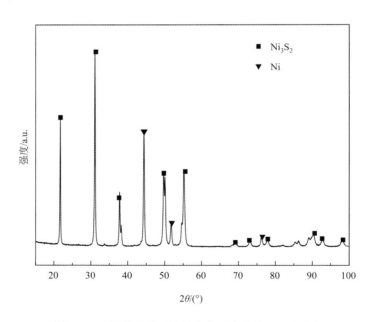

图 4-150　最佳条件下熔炼富集后合金的 XRD 图谱

图 4-150 为最佳条件下熔炼富集后合金的 XRD 图谱，由图 4-150 可知，六水硫酸镍捕集剂配入残渣熔炼后，一部分被还原为金属镍，主要是硫酸镍分解为氧化镍，被碳还原成金属镍，大部分为 NiS 离解生成 Ni_3S_2。由此可说明加硫酸镍还原熔炼生成镍锍可有效捕集失效汽车尾气净化催化剂中铂族金属。

由图 4-151 可知，熔渣的主要物相是 $CaO \cdot Al_2O_3 \cdot 2SiO_2$ 固相化合物，其他物质未出现。说明造渣剂充分完成造渣过程，且造锍熔炼较完全。

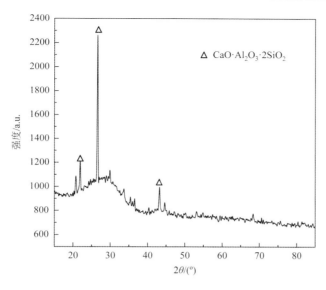

图 4-151　最佳条件下熔炼捕集后残渣的 XRD 图谱

4.11.5　稀酸选择性浸出镍锍中镍富集铂和钯的实验

利用硫酸溶液浸出经硫酸镍捕集后的镍锍合金，使铂族金属富集在酸浸出渣中。试验条件为：硫酸浓度 50%、液固比 5∶1、浸出时间 2h、浸出温度 90℃、搅拌速度 400r/mim，镍的浸出率为 94.53%，经过过滤和洗涤，获得铂族金属富集物。利用 X 射线衍射仪对铂族金属富集物进行物相分析，结果如图 4-152 所示。从图 4-152 可以看出，浸出渣中主要物相为 PdS、PtS_2、Rh_2S_3、Ni_3S_2。硫酸镍熔炼捕集后得到的镍锍合金中主要含有 Ni_3S_2，采用硫酸浸出镍，最终获得铂族金属富集物。从原料到酸溶，铂族金属的富集比为 8.66。

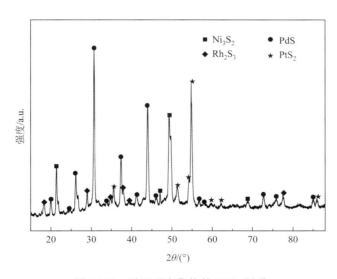

图 4-152　酸浸后富集物的 XRD 图谱

4.11.6 小结

加硫酸镍造锍熔炼捕集失效催化剂残渣中的铂和钯是可行的，现成的工艺如下。

（1）捕集工艺：硫酸镍加入量为失效催化剂重量的 3.6 倍，石英砂加入量为失效催化剂重量的 2 倍，石灰石加入量为失效催化剂重量的 1 倍，碳酸钠加入量为失效催化剂重量的 60%，硼砂加入量为失效催化剂重量的 50%，氟化钙加入量为失效催化剂重量的 60%，焦炭加入量为失效催化剂重量的 40%，熔炼温度 1350℃，熔炼时间 2h。在此条件下，铂、钯的捕集率可达 90%以上。

（2）富集工艺：硫酸浓度 50%、液固比 5∶1、浸出时间 2h、浸出温度 90℃、搅拌速度 400r/mim，镍浸出率为 94.53%。在此条件下，铂族金属的富集比为 8.66。

4.12　失效燃料电池催化剂提取铂工艺

4.12.1　失效燃料电池铂催化剂分析

失效燃料电池铂催化剂（图 4-153）为一种极难经济有效提取铂二次资源，虽然铂含量 2%～3%，但难以从失效燃料电池铂催化剂中提取铂，其原因为其含氟较高，氟含量达到 8%～15%，传统的氧化焙烧可以很好脱出氟并使铂得到有效富集，但存在氟腐蚀设备严重现象，如用硅碳棒或硅钼棒加热，氟对加热元件和周边耐火材料腐蚀，铂损失严重；湿法处理存在氟化氢腐蚀反应容器及设备等，对工作人员造成伤害等问题。

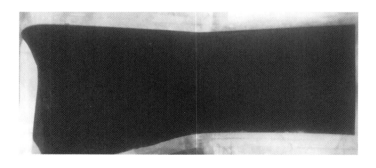

图 4-153　失效燃料电池铂催化剂照片

4.12.2　失效燃料电池铂催化剂富集铂的工艺流程

由于失效燃料电池铂催化剂中含氟较高，为了避免湿法提取铂时氟挥发造成的腐蚀以及废水处理困难等，提出了失效燃料电池铂催化剂与配入固氟剂、造渣剂、还原剂等还原，造球，烘干，还原熔炼捕集铂，使铂进入合金中，而氟进入渣中得到固化；含铂合金采用酸溶选择性浸出铁，得到铂富集物。采用的工艺流程见图 4-154。

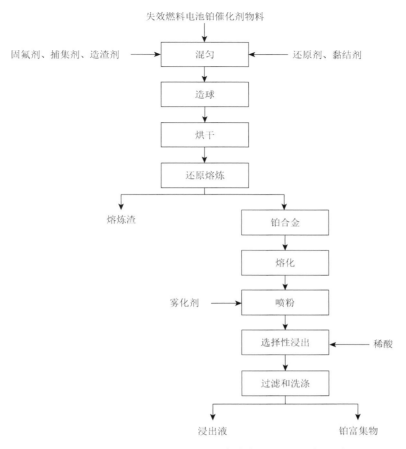

图 4-154　失效燃料电池铂催化剂富集铂的工艺流程图

4.12.3　熔炼实验结果与讨论

试验主要研究配料制度、熔炼制度、酸溶制度对铂收率的影响。

1. 还原剂加入量对铂收率的影响

捕集铂条件：固氟剂加入量为失效燃料电池铂催化剂重量的 40%，捕集剂铁红加入量为失效燃料电池铂催化剂重量的 50%，石英加入量为失效燃料电池铂催化剂重量的 15%，还原剂加入量对铂收率影响见图 4-155。

从图 4-155 可以看出，随着还原剂加入量增加，铂收率逐渐提高，但还原剂加入量超过 10%后，铂收率增加不明显，确定还原剂加入量为失效燃料电池铂催化剂重量的 10%合适。

2. 固氟剂加入量对铂收率的影响

捕集铂条件：还原剂加入量为失效燃料电池铂催化剂重量的 10%，捕集剂铁红加入量为失效燃料电池铂催化剂重量的 50%，石英加入量为失效燃料电池铂催化剂重量的 15%，固氟剂加入量对铂收率影响见图 4-156。

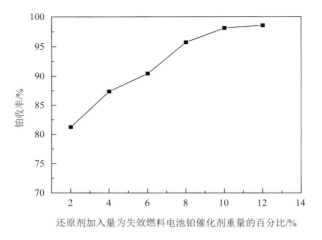

图 4-155　还原剂加入量对铂收率影响

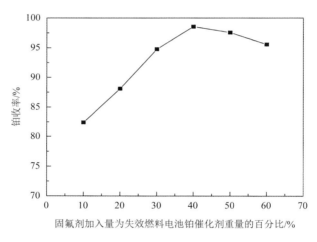

图 4-156　固氟剂加入量对铂收率影响

从图 4-156 可以看出，固氟剂加入量在 10%～40%时，铂收率随着固氟剂加入而逐渐增加，超过 40%后，铂收率随着固氟剂增加反而出现下降趋势，主要是固氟剂增加，熔炼时黏度大，合金与渣分离不好。因此确定固氟剂加入量为失效燃料电池铂催化剂重量的 40%合适。

3. 石英加入量对铂收率的影响

捕集铂条件：固氟剂加入量为失效燃料电池铂催化剂重量的 40%，还原剂加入量为失效燃料电池铂催化剂重量的 10%，捕集剂铁红加入量为失效燃料电池铂催化剂重量的 50%，石英加入量对铂收率影响见图 4-157。

从图 4-157 可以看出，铂收率随着石英加入量增加而逐渐提高，超过 15%后，铂收率出现降低，主要是熔炼过程中渣黏度大，合金与渣分离不好。因此，确定石英加入量为失效燃料电池铂催化剂重量的 15%合适。

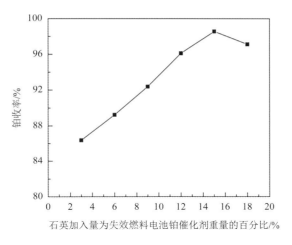

图 4-157　石英加入量对铂收率影响

4. 捕集剂铁红加入量对铂收率的影响

捕集铂条件：固氟剂加入量为失效燃料电池铂催化剂重量的 40%，石英加入量为失效燃料电池铂催化剂重量的 15%，还原剂加入量为失效燃料电池铂催化剂重量的 10%，捕集剂铁红加入量对铂收率影响见图 4-158。

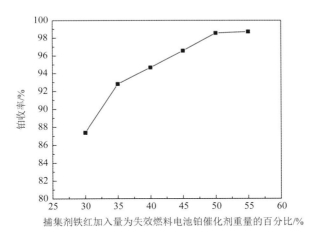

图 4-158　捕集剂铁红加入量对铂收率影响

从图 4-158 可以看出，铂收率随着捕集剂铁红加入的增加而增加，超过 50%后，收率增加缓慢，且会增加熔炼成本和酸溶成本，因此确定捕集剂铁红加入量为失效燃料电池铂催化剂重量的 50%。

5. 熔炼炉型对铂收率的影响

捕集铂条件：电弧炉温度 1350℃，熔炼时间 2.0h，熔炼炉型对铂收率的影响如表 4-5 所示。

表 4-5　熔炼炉型对铂收率的影响

项目	中频炉	电弧炉	高温电阻炉
铂收率/%	99.34	99.23	96.72

从表 4-5 可以看出，中频炉熔炼获得的收率好于其他炉型，主要是中频炉熔炼过程中磁场搅动有利于合金与渣分离以及提高反应速率，但中频炉大型化不及电弧炉制造。确定采用电弧炉作为熔炼设备。

6. 熔炼温度对铂收率的影响

捕集铂条件：电弧炉熔炼，熔炼时间 2.0h，熔炼温度对铂收率的影响如表 4-6 所示。从表 4-6 可以看出，随着熔炼温度升高，铂收率逐渐升高，鉴于熔炼电耗、炉衬寿命和时间，选择熔炼温度为 1350℃。

表 4-6　熔炼温度对铂收率的影响

项目	熔炼温度/℃		
	1300	1350	1400
铂收率/%	96.25	99.23	99.63

通过试验，获得了合理的工艺参数：固氟剂加入量为失效燃料电池铂催化剂重量的40%，捕集剂铁红加入量为失效燃料电池铂催化剂重量的 50%，石英加入量为失效燃料电池铂催化剂重量的 15%，还原剂加入量为失效燃料电池铂催化剂重量的 10%，黏结剂淀粉加入量为失效燃料电池铂催化剂重量的 0.4%，混匀，采用成球机制成 5cm 球团，烘干，采用电弧炉在 1350℃熔炼 2.0h，获得铂合金和熔炼渣，熔炼过程中氟进入渣中；获得的铂合金采用中频炉熔化，用水蒸气雾化喷粉，形成细小铂合金微粒。合金中铂含量为 0.62%，铁含量为 94.14%。

4.12.4　酸溶实验结果与讨论

熔炼获得合金采用雾化喷粉，选用粒级范围的–200～＋250 目进行酸溶试验。

1. 溶剂种类对铂富集比和收率的影响

溶剂种类对铂富集比和收率的影响如表 4-7 所示。从表 4-7 可以看出，硫酸浓度为25%，硝酸浓度为 25%，盐酸浓度为 25%，溶解温度为 95℃，溶解时间相同时，不同溶剂对溶解铂合金选择性富集铂和收率有不同影响，其中硫酸溶解铂富集比高、收率也高；硝酸溶解富集比和收率较硫酸溶解更高，盐酸溶解则比硫酸溶解和硝酸溶解低，主要出现铂的溶解造成分散。虽然硝酸溶解获得的富集比和收率最高，但硝酸价格贵，产生氮氧化物烟气，环保治理费用高。综合考虑，选择硫酸溶解。

表 4-7　溶剂种类对铂富集比和收率的影响

项目	硫酸	硝酸	盐酸
铂收率/%	99.23	99.35	96.33
铂富集比	28.41	28.87	26.16

2. 溶解温度对铂富集比和收率的影响

硫酸浓度 25%、溶解时间 120min 条件下，溶解温度对铂富集比和收率的影响如图 4-159 所示。从图 4-159 可以看出，溶解温度对铂收率影响不明显，但对铂的富集比影响明显，即随着溶解温度升高，铂的富集比在提高。基于设备考虑，溶解温度确定为 95℃。

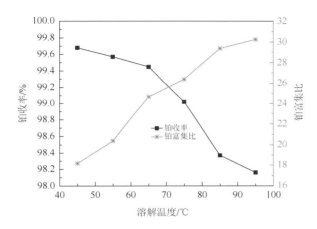

图 4-159　溶解温度对铂富集比和铂收率的影响

3. 溶解时间对铂富集比和收率的影响

硫酸浓度 25%、溶解温度 95℃ 条件下，溶解时间对铂富集比和收率的影响如图 4-160 所示。从图 4-160 可以看出，溶解时间对铂收率影响甚小，但对铂的富集比影响明显。

用稀硫酸选择性浸出铂合金微粒中的铁，硫酸浓度 25%、液固比 4∶1、浸出温度 95℃、浸出时间 120min，经过过滤和洗涤，获得铂富集物，即铂精矿。从原料到铂精矿，其含铂为 5.02%，铂富集比达到 28.41，铂收率为 98.73%。

4.12.5　氯化溶解

获得铂精矿采用氯化溶解，即称取一定量的铂精矿，控制盐酸浓度 3mol/L，液固比 4∶1，氯酸钠用量为铂精矿重量的 5 倍，搅拌转速 250r/min，溶解温度 65℃，溶解时间 3h；溶解结束后，过滤和洗涤，得到溶解渣和含铂溶液。在此条件下，铂的溶解率达到 98.67%，溶解渣含铂为 0.15%，返回去熔炼阶段回收铂。

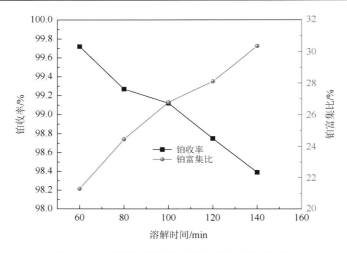

图 4-160　溶解时间对铂富集比和铂收率的影响

4.12.6　离子交换实验

获得的含铂贵液含铁及少量镍、铜等微量金属离子，不能直接进行氯化铵沉淀铂得到氯铂酸铵，否则杂质会超标，需要进行离子交换脱出。试验采用 732 阳离子树脂交换除去，具体控制为：732 阳离子树脂经预处理，装入交换柱中，然后贵液加碱调节 pH = 1～1.5，把调节好的贵液通过泵打入交换柱中，控制交换速度 20～25mL/min。当阳离子树脂交换容量达到饱和时，用 10%的盐酸进行解吸，加去离子水洗涤离子交换树脂，最后树脂再生。获得交换贵液加热浓缩，控制铂在 20g/L 以上。

4.12.7　氯化铵沉淀实验

氯化铵沉淀铂适于处理成分不复杂的物料。由于这种精炼工艺设备简单，操作容易，作业周期短，故在回收部门应用较广。[1]该工艺不但可除去料液中的普通金属杂质，而且能除去部分非金属杂质。在用氯化铵沉淀铂氯络离子时，铂最易反应，铑、铱次之，钯又更次之，而普通金属氯化物则不能沉淀。[2]

获得含铂 20g/L 以上的溶液，采用氯化铵沉淀，一方面可以得到选择性沉铂，另一方面可再次提纯铂，较采用水合肼等还原剂还原，纯度可以较大幅度提高。

$$H_2PtCl_6 + 2NH_4Cl \Longrightarrow (NH_4)_2PtCl_6 \downarrow + 2HCl \qquad (4\text{-}33)$$

此时生成 $(NH_4)PtCl_6$ 淡黄色沉淀，经吸滤和氨水洗涤后，得到氯铂酸铵。

4.12.8　高纯铂粉制备

将氯铂酸铵沉淀物干燥并在 750℃下煅烧得海绵铂，再进行氢还原，得到高纯铂粉。

$$3(NH_4)_2PtCl_6 \stackrel{\triangle}{\Longrightarrow} 3Pt + 16HCl + 2NH_4Cl + 2N_2 \uparrow \qquad (4\text{-}33)$$

4.12.9　失效燃料电池铂催化剂捕集和富集小结

（1）通过试验，获得了合理的工艺参数：固氟剂加入量为失效燃料电池铂催化剂重量的 40%，捕集剂铁红加入量为失效燃料电池铂催化剂重量的 50%，石英加入量为失效燃料电池铂催化剂重量的 15%，还原剂加入量为失效燃料电池铂催化剂重量的 10%，黏结剂淀粉加入量为失效燃料电池铂催化剂重量的 0.4%，混匀，采用成球机制成 5cm 球团，烘干，采用电弧炉在 1350℃熔炼 2.0h，获得铂合金和熔炼渣，熔炼过程中氟进入渣中；获得的铂合金采用中频炉熔化，用水蒸气雾化喷粉，形成细小铂合金微粒。合金中铂含量为 0.62%，铁含量为 94.14%。

（2）用稀硫酸选择性浸出铂合金微粒中的铁，硫酸浓度 25%、液固比 4∶1、浸出温度 95℃、浸出时间 120min，经过过滤和洗涤，获得铂富集物，即铂精矿。从原料到铂精矿，其含铂为 5.02%，铂富集比达到 28.41，铂收率为 98.73%。

（3）加酸选择性浸出铁，得到铂精矿，采用氯化浸出，经离子交换除碱金属，得到纯净氯化铂溶液，再加氯化铵得到铂酸铵沉淀，经洗涤，最后烘干和煅烧得到高纯铂。

4.13　本　章　小　结

本章以造锍为主线，研究不同造锍原料、不同铂族金属物料，经造锍，实现了高效捕集，采用稀酸选择性浸出，获得铂族金属富集物，采用氯化溶解、离子交换、氯化铵沉淀、煅烧等得到铂族金属粉末。

参 考 文 献

[1]　范兴祥，杨志鸿. 贵金属冶金提取技术[M]. 北京：冶金工业出版社，2023.

[2]　宾万达，卢宜源. 贵金属冶金学[M]. 北京：冶金工业出版社，2011.

第 5 章　还原-磨选新技术富集贵金属二次资源的应用

5.1　引　　言

贵金属在能源、生态、环境、高新技术等方面都已显示出不可替代的重要性，成为现代工业和国防建设的重要材料，被誉为现代工业的"维生素"和"现代新金属"。

贵金属在地壳中的丰度较低，并且分布极不均匀，在已探明的贵金属储量中，主要集中在南非、美国、加拿大、俄罗斯、澳大利亚等国，尤其是铂族金属矿，其储量约占世界储量的 99%[1]。贵金属资源相对匮乏、工业储量较少、原矿中含量低、提取困难、生产成本高，因而其再生回收价值明显高于一般常见金属，并在世界贵金属的供给中占据极其重要的地位。我国贵金属储量少，消费量巨大，到 20 世纪末，我国黄金产量超过 175t，消费量约为 250t，主要消费为首饰，1997 年金消耗量达 342t；2000 年产银 1588t，消费量 1360t；1996 年我国估计消费铂 6842kg，其中主要用于铂首饰，2000 年我国成为全球最大铂首饰消费国，2002 年铂消费占世界铂市场的 22.5%[2]。

随着一次贵金属矿产资源不断开发利用，资源匮乏，综合利用贵金属二次资源越来越重要。贵金属二次资源[2]泛指原生资源以外的各种可供利用的资源，所涉及的领域广泛，包括生产、制造过程中产生的废料或已失去使用性能而需要处理的物料，以及含有回收对象的物料。二次物料品种繁多、规格庞杂、流通多路、来源广泛。随着贵金属利用价值越来越大，其消耗量也增加，贵金属二次资源数量也越来越多，二次资源中贵金属品位远远高于原矿品位，提取成本较低，为弥补一次资源的不足创造了条件。

贵金属资源的品位低，很难直接提取，往往需要通过一定的技术手段使贵金属逐步富集，获得其精矿再进一步通过精炼提纯以获得贵金属产品。因此，富集过程是贵金属生产的关键阶段。我国曾对低品位贵金属富集技术进行大量研究，但是长期以来，在贵金属冶金领域资金投入不足，技术创新体系不健全，造成我国在贵金属领域的应用基础遇到的难题研究、共性技术开发等方面与国外贵金属同行存在着较大的差距。

总之，我国面临贵金属资源匮乏、成分复杂、品位低下以及富集和提取技术水平与国外存在差距，这是我国贵金属产业发展遇到的难题，严重制约着我国贵金属产业可持续发展。实施贵金属二次资源循环再生利用，可大幅度提高资源供给对社会经济发展的保障能力，对我国贵金属产业的可持续发展具有重要的意义。

5.2　贵金属二次资源主要来源

贵金属以其合金、化合物的形式存在于有色金属材料，主要用作功能材料。随着科技不断发展，其应用领域不断扩大，用量迅速增加，按用途和应用领域可以划分为 18 类[3]：贵金属复合材料、贵金属镀层、贵金属薄膜材料、贵金属药物、贵金属催化剂、贵金属浆料、贵金属电极材料、贵金属粉末材料、贵金属测温材料、贵金属电接触材料、贵金属电阻材料、贵金属饰品、贵金属牙科材料等。概括起来，大宗的贵金属废料可划分为三个模块：固体废料、液体废料和优质废料，其主要来源可以分为催化剂废料、电子废料、饰品及医疗业废料、玻璃工业废料等。

1. 催化剂废料

贵金属由于 d 电子轨道未填满，表面易吸附反应物，有益于形成中间"活性化合物"，因此具有较高的催化活性，常用贵金属催化剂元素是铂、钯、铑、银、钌。贵金属催化剂分为均相催化剂和多相催化剂两大类，其中多相催化剂占 80%～90%，其形态主要有：①金属丝网态催化剂，如铂网、铂合金网和银网等；②多孔无机载体负载金属态催化剂，如 Pt/Al_2O_3、Pd/C、Ag/Al_2O_3、P_d-P_t/Al_2O_3 等，广泛应用于化学和石油化学工业；③负载型催化剂，如汽车废气净化催化剂，大量使用 Pt、Pd、Rh 作活性剂；④均相催化剂，如氯化钯、氯化铑、羟基铑、醋酸钯等。

汽车工业是铂、钯、铑的重要应用领域，主要作为汽车排气净化催化剂，通常以堇青石等为载体，涂覆有以氧化铝为主的活性层和贵金属作活性催化剂组分，此外也以金属为载体以提高催化剂的抗振动能力。随着汽车数量不断增加和对汽车尾气排放标准的提高，汽车尾气净化方面的贵金属催化剂消耗量逐年上升。目前，全世界汽车催化剂年消耗的铂金属占总消耗量的 30%～42%，钯金属占 56%～76%，铑金属占 95%～98%，都在各自的消耗量中居首位[4]。总体而言，这类废料回收量大，所含金属单一，杂质少，较易收集和处理，因此成为铂族金属重要的二次资源。

全世界 85% 以上的化学工业都与催化剂有关，而贵金属则是非常优良的催化剂。例如在硝酸、硫酸工业和化肥生产中，铂铑或铂钯铑催化网起着至关重要的作用，硝酸制备过程中的氨气氧化反应依靠铂铑或铂钯铑网的催化作用，铂催化网在使用过程中极少量进入硝酸产品中而损失，少量落入反应塔底成为炉灰，同时一些有害物质会在高温下渗入合金丝中，使其催化效能降低。因此使用一定时间后的废旧铂网需进行再生处理，成为一种重要的铂族金属二次资源。

在石油工业中，许多化学反应也要依靠贵金属催化剂才能够完成，如加氢、裂解等反应。例如，石油重整催化剂有负载 Pt-Re、Pt-Ir、Pt-Sn 催化剂，对铂族金属的需求量很大。石油化工催化剂的载体主要是氧化铝、活性炭、硅藻土或沸石等，其中前两者的用量最多。

此外，许多精细化工中也需要大量的贵金属催化剂，如医药、农药、香料、染料等。这些催化剂以 Pd 为主，其次是 Pt。一些有机化工产品，如乙酸、丁醇等的生产中则用 Rh 作催化剂。

2. 电子废料[5-6]

电子废料是指在制造电子元器件过程中产生的废品、残料以及报废电子产品。此类废料主要包括：①电接触材料，如银基电接触材料、金基电接触材料、铂基电接触材料、钯基电接触材料；②电阻材料，如铂基电阻材料 PtIr10、钯基电阻材料 PdAg40、金钯基电阻材料等；③电子浆料，主要应用的是金浆料、银浆料、钌浆料等，通过丝网漏印而涂覆于陶瓷基体上，经烧结而形成导电体等，其中用量最大的为银浆料和钌浆料。除此之外还有导线、电池等。

电子废料的特点是在载体上镀有贵金属薄层或在局部复合有贵金属。美国环境保护署估计美国每年的电子废弃物有 2.1 亿 t，占城市垃圾的 1%。欧盟每年废弃电子设备高达 600 万～800 万 t，占城市垃圾的 4%，且每年以 16%～28% 的速度增长，是城市垃圾增长速度的 3～5 倍[7]。其中，仅德国每年即达 150 万 t，瑞典也达 11 万 t[8]。据统计，1t 的废旧电池可从中提炼约 100g 黄金，而普通的含金矿砂品位为几克到几十克，因此废旧电池具有相当高的回收价值。从废旧电器（包括计算机、电视机、电冰箱、洗衣机以及手机等）中回收贵金属，是今后贵金属回收市场的又一主要趋势，在计算机、手机等追求小型化、微型化过程中，黄金是电子线路上必不可少的材料。出于资源利用和环保的需要，通信产品工厂纷纷引进专用拆解设备，从解体的旧计算机、手机等散件中挑选出含金元件进行回收。

3. 饰品及医疗业废料

金银的消费主要为珠宝首饰，约占用量的 80%，其次为工业装饰、货币、纪念币、电子、牙科、电镀、钢笔和钟表等。据统计，目前世界黄金消费量达 3235.1t，其中首饰业共消费黄金 2840.3t，占 87.8%。进入 21 世纪以来，中国的年黄金消费总量一直在 210t 左右徘徊，2004 年中国黄金消费总量增长了 3%，达到 213.2t，位于印度 855.2t、美国 409.5t、沙特阿拉伯 228t 之后，排名世界第四[9]。此外，首饰或装饰品加工过程中，产生的一定的废料、研磨粉、粉尘，或者是电镀或化学镀时产生的电镀液、阳极泥等，这类废料中贵金属含量较高，杂质元素较少，其主要回收形态有固体、粉末、溶液和淤泥，是回收贵金属中的优质废料。

贵金属在医疗业主要用作牙科材料及抗癌和治疗风湿性关节炎药物。牙科材料多含金、银、钯及其合金。金主要以单质的形式存在，或者作为合金的主要成分并添加少量贱金属或铂族金属。由于此类材料的使用周期较长及其不可再生性，目前尚未处于重要地位。

4. 玻璃工业废料

铂元素在高温大气和熔融玻璃中化学稳定性较高，不与熔融玻璃反应，因此铂可用于制造光学玻璃、LCD（液态晶体组成的显示屏）玻璃、晶体玻璃及各种玻璃纤维，特别是用于玻璃工业所需的坩埚及拉制玻璃纤维所用的贵金属合金坩埚、漏板等。长时间在高温环境下使用，铂和铑会腐蚀耐火材料渗透到玻璃碴中，受腐蚀的材料或碴中贵金属需要进行回收。熔化玻璃用的铂坩埚，或以钯为芯层弥散强化铂及铂-铑合金为外层的三层复合材料坩埚等，工业中测温用的热电偶，各种分析部门熔解样品用的铂坩埚、铂舟、铂器皿等，这类材料及器皿使用一段时间后就废弃，其品位高、杂质少，回收方法简单，为优质二次资源。

5.3　从贵金属固体废料中富集贵金属

5.3.1　火法富集技术

火法富集是利用高温加热使非金属物质挥发或在贵金属二次资源物料中添加一定的捕集剂进行高温熔炼，将贵金属捕集于熔体中，与非金属物质进一步分离富集，目前主要有焚烧-熔炼工艺、高温氧化-熔炼工艺、等离子熔炼、电弧熔炼等，火法富集技术多以铁、铜、铅、镍、锍作捕集剂[10-14]。火法富集工艺简单、适应方面广、回收率高，但火法冶炼过程中会产生大量有害气体，能耗高，设备昂贵，利用率低。

1. 铅捕集

铅是金、银及铂、钯的良好捕集剂，但对于稀有铂族金属捕集则不一样[2]。用铅作捕集剂，设备为鼓风炉或电炉。在还原气氛中，铅化合物被还原为粗铅，在此过程中捕集贵金属，经过造渣处理实现粗铅与渣分离。获得的粗铅在灰吹炉或转炉中选择性氧化使贵金属富集。或将熔炼获得的粗铅经电熔，分别得到铅锭或阳极泥，实现贵金属的富集。用铅富集贵金属，处理周期较长，且易形成氧化物挥发，对操作人员和周边环境的危害很大。此外，铅与铑不互溶，需要依靠铂钯协同铅捕集铑，铑的回收率偏低。

2. 铜捕集

用铜作捕集剂捕集铂族金属一般在电弧炉中进行。将废料、铜或者铜的氧化物和还原剂在高温下进行还原熔炼，得到含贵金属的铜合金，与渣分离。山田耕司等[15]采用铜捕集法，将待处理的含铂族元素原料、含氧化铜的材料、熔剂组分及还原剂一起装入封闭电炉中，使之熔化，实现渣与金属分离，从炉体的排渣口放出熔炼渣，渣中铂、钯和铑的含量分别为 0.7g/t、0.1g/t 和 0.1g/t。铜捕集铂族金属熔炼温度相对于铁而言较低，分离效果好，渣中铂族金属损失小，并且金属铜可以循环使用，但存在周期长和试剂消耗过大、损失大、成本高等问题。

3. 铁捕集

用铁作捕集剂的理论依据在于铂、钯、铑、钌、锇、铱等元素的亲铁性：在自然界中铂族金属常与铁共生；在高温下，铁与贵金属元素易形成连续共溶体。因此，铁作为捕集剂具有原料易得、捕集效率高等特点。铁捕集通常采用等离子法进行熔炼富集。

等离子熔炼法是利用等离子电弧提供的高温热源，在立式等离子熔炼炉内，于1500℃以上温度，对喷射入炉的粉状物料高温熔炼，促使炉料成分熔化、造渣等反应加速，仅需几分钟即可完成难处理物料的熔炼过程。此法具有熔炼温度高，传热、传质快，反应气氛强烈的特点。在等离子炉内进行熔炼富集，产出铁与铂族金属的合金化捕集物，而后采用酸溶解铁，进一步富集贵金属。昆明贵金属研究所陈景等[11]提出一种处理陶瓷型载体等离子熔炼新工艺，其 Pt 和 Pd 回收率达到99%以上，Rh 的回收率达到98%。Texas Gulf 公司建成了 3MW 的等离子熔炼炉，用于从汽车尾气废催化剂中回收铂族金属，年铂族金属生产能力超过 2t；利用等离子枪发射出高温的等离子焰将物料加热熔化，熔体温度为 1500～1650℃，铂族金属被富集到熔融的铁中，与渣分离，铁水经水淬制粒后用硫酸和盐酸溶解铁，最终使汽车催化剂中 1～2kg/t 的铂族金属富集，捕集物料中的品位提高 5%～7%，回收率达到 90%以上，最终炉渣中的铂族金属品位＜5g/t[16]。

等离子熔炼生产效率高，无废水、废气污染，发展潜力大。但其熔炼温度高，对设备要求特殊；熔炼渣黏度大，富集了稀贵金属的铁合金较难与渣分离；在 1600℃熔炼温度下，部分 SiO_2 被还原，生成的高硅铁具有极强的抗酸、碱性质，后续处理困难。此外，等离子熔炼法目前还存在等离子枪使用寿命短、高温对耐火材料侵蚀严重等问题，尚需要进一步解决。

4. 锍捕集

重有色金属硫化物与贵金属具有相似晶格结构和相近晶格半径，它们也可以在广泛成分范围形成连续固溶体合金锍[17]。造锍熔炼捕集是在电炉内完成的，富集比较高、直收率高。缺点是熔炼过程中产生含二氧化硫的烟气，治理较困难；产出的合金物料采用常压或加压酸浸出，产生的硫化氢气体较难治理；可采用电熔或氧化浸出，但流程较长。

5. 氯化气相挥发法

氯化气相挥发法可以分为气相挥发铂族金属和气相挥发载体两种。其理论根据是铂族金属或载体能够选择性氯化形成易挥发的氯化物，经过低温冷凝处理达到与载体分离的目的，实现贵金属的富集。

氯化气相挥发铂族金属是把载有铂族金属的废催化剂与氯化盐混合，通入氯气加热，铂族金属氯化后挥发，再用溶液或吸附剂吸附。氯化气相挥发载体一般用来处理载体为氧化铝的物料，把废催化剂与碳混合，Al_2O_3 转化成 $AlCl_3$ 挥发，载体残留物由重力过程富集回收[18-19]。

氯化挥发回收法具有工艺较简单、试剂费用低、载体可复用等优点。但其腐蚀性强，对设备要求高，并需处理有毒的氯气等，从而限制了该项技术的发展。

6. 还原-磨选法

还原-磨选法是一种集火法与选矿于一体的高效富集贵金属的方法，该法利用磁性物质对贵金属进行捕集，然后磁选富集，从而得到贵金属富集物。范兴祥等[20]公开了一种从低品位贵金属物料中富集贵金属的方法，该方法将低品位贵金属烟尘与捕集剂、还原剂和添加剂按一定比例混合后加入黏结剂制成球团，然后对球团进行还原、磨选获得含贵金属合金，而后采用稀酸选择性浸出合金中贱金属，获得贵金属富集物，最终弃渣中含贵金属小于 1.2g/t，贵金属直收率大于 99.2%。还原-磨选法是一种共性的处理技术，能够处理种类繁多、品位和性质差异大的二次资源物料，但其还原过程需与空气隔绝防止氧化，增加了富集过程的复杂性。

5.3.2 湿法富集技术

湿法富集是采用酸浸、碱浸或其他方法处理贵金属二次资源物料，使贵金属或贱金属以离子形式进入溶液，达到分离贱金属和富集贵金属的目的，此方法废气排放少，提取贵金属后的残留物较易处理，经济效应显著，但贵金属的浸出液只能作用在暴露的金属表面，当金属被覆盖或被包裹在陶瓷中时回收效率低，且浸出液及残渣具有腐蚀性和毒性，容易造成更为严重的二次污染。

1. 载体溶解法

载体溶解法是利用贱金属与活性组分对某种试剂反应活性的差异，将载体选择性溶解使之进入溶液，贵金属留在残渣中，包括酸溶或碱溶解载体。

de Sá Pinheiro 等[21]提出利用含氟离子与载体结合形成配合物的原理，在添加过氧化氢和无机酸溶液的条件下溶解废催化剂载体，用此方法处理 Pt/Al_2O_3 和 $PtSn/Al_2O_3$ 废催化剂，载体的浸出率达到 99%以上，Pt 富集在残渣中。

载体溶解法可以分为酸法和碱法[22]。酸法是应用比较广泛的方法，具有铂族金属回收率高、处理费用比较低等特点。采用碱法溶解载体，一般需加压处理，对设备要求高，且固液分离比较困难，因此在工业中应用不多。

2. 活性组分溶解法

活性组分溶解法利用溶剂溶解二次资源中的贵金属组分，使其转入溶液，再从溶液中提取贵金属。

在 Pt 网催化氨氧化过程中，部分 Pt 进入粉尘中。Barakat 和 Mahmoud[23]利用王水处理含 Pt 粉尘，将 Pt 溶解在王水中，然后利用氯化铵沉淀法或者三辛胺萃取的方法处理含铂溶液的固体沉淀物，经焙烧后得到纯度为 97.5%的铂粉。杨志平等[24]尝试对含钯物料不焙烧而直接进行浸出，试验流程为：用 90℃左右王水，$HCl + NaClO_3$ 溶液进行浸出，浸出率可达 97%，然后用 $HCl + NaClO_3 + NaCl$ 混合溶液作浸出剂，在常温不搅拌情况下浸出钯，浸出 24h 后，钯浸出率大于 96%。黄昆等[25]采用加氧压碱浸预处理，氰化浸出贵金属，加氧压碱浸预处理去除废催化剂表面积碳、油污等有害物，消除废催化剂载体对铂族金属的包裹，有利于其后续氰化浸出。经加压碱浸预处理后，铂族金属氰化浸出率分别可达到 Pt 96%、Pd 98%、Rh 92%。

活性组分溶解法浸出贵金属时，贵金属能够吸附在载体上，降低其回收率，若不能合理回收，将造成很大的浪费。此外，还存在铂族金属提取率不稳定、铑的回收率不高等问题。

3. 全溶解法

全溶解法是将载体和活性组分在较强的浸出条件和氧化气氛下一并溶解，然后从溶液中提取贵金属的方法。

催化剂中的铂族金属活性组分在有氧化剂和一定浓度的 Cl^- 溶液中，容易被氧化形成可溶性的氯络酸。李耀威和戚锡堆[26]采用湿法浸出废汽车催化剂中的铂族金属，考察 HCl-H_2SO_4-NaClO$_3$ 体系浸出过程中几个因素对铂族金属浸出率的影响。实验结果表明：废催化剂液固比 5∶1，HCl 4mol/L，H_2SO_4 6mol/L，NaClO$_3$ 0.13mol/L，在 95℃条件下反应 2h，铂族金属浸出率分别可达到 Pd 99%、Pt 97%、Rh 85%。该方法也适用于回收其他废催化剂中的铂族金属。张方宇和李庸华[27]以硫酸为介质，在氯化气氛中，溶解载体和铂族金属，然后采用离子交换法吸附铂，此工艺处理 1kg 级多批实验，铂的一段浸出率大于 98%，铂交换率为 99.95%。

全溶解法可保证铂族金属的高回收率，但酸耗大，处理成本高。对于汽车催化剂，全溶解法只适于处理载体为 γ-Al_2O_3 的催化剂，且尾液的后续处理复杂。

5.4　从贵金属液体废料中富集贵金属

贵金属溶液的主要来源有：贵金属在使用过程中产生的贵金属溶液和废液，如电镀液、镀件过程洗涤水等；贵金属在回收过程中产生的贵金属溶液和废液，如浸出液及回收工艺过程中的洗水、废液等。贵金属在富集过程中最终都要转化为溶液，需进一步分离富集，才能够进行提纯和精炼。溶液中的贵金属含量不一，并且其他杂质元素含量较高，目前较为常见的方法有置换-还原沉淀法、溶剂萃取法、离子交换法、吸附分离法、液膜法。

5.4.1　置换-还原沉淀法

置换-还原法是指利用还原剂（锌粉、铝粉、铁粉等）或沉淀剂（硫化钠、硫氢化钠等）从溶液中置换或沉积贵金属。

金慧华和王艳红[28]提出将含钯废料首先经氧化焙烧去掉有机物，焙烧后的含钯物料经 1∶2 的盐酸溶解，然后经置换或用丁基黄药沉淀即可得到钯，沉钯后其回收率可达 99%以上。杨志平等[24]采用置换法提取钯，在常温浸出得到的浸出液中，钯浓度约为 500mg/L，酸度约为 2.5mol/L，采用铁板置换法回收溶液中的钯，经过 16h 的常温置换，母液中钯浓度降为 1～2mg/L，钯回收率达 99.6%，置换物中钯含量为 70%～80%。张正红[29]将废催化剂经高温处理，加入还原剂还原，得到金属钯，然后用王水溶钯，钯的浸出率达到 99%以上，液固分离后，滤液中加入沉淀剂沉淀出粗钯，钯的回收率大于 95%。

置换-还原沉淀法是应用比较早的技术，但其操作过程烦琐，目前在贵金属提取过程中应用越来越少。

5.4.2　溶剂萃取法

溶剂萃取法基于贵金属与萃取剂可以结合生成易溶于有机溶剂的螯合物，利用其在有机溶剂和水相中溶解度的差异从而从溶液中提取贵金属。萃取法具有选择性好、回收率高、设备简单、操作简便快速、易于实现自动化等特点。常见的贵金属萃取剂有含硫萃取剂、胺类萃取剂、含磷萃取剂等。

含硫萃取剂主要是来自石油的硫醚和亚砜，两者萃取机理有所差别，硫醚主要是通过硫原子配对对贵金属进行萃取，而亚砜是通过氧原子配对实现的。文献[30]研究了亚砜 MSO 的萃取分离铂钯性能，结果表明，亚砜 MSO 的萃钯能力很强，萃取易达到平衡，当[H$^+$]＞2.0mol/L 时，钯的萃取率为 90%。亚砜 MSO 只有在高酸度、MSO 浓度较高条件下，铂的萃取率才较大，控制料液的酸度和 MSO 浓度，可有效地分离钯与铂。陈剑波和古国榜[31]介绍了一种新型萃取剂——丁基苯并噻唑硫醚（简称 SN）对钯、铂的萃取性能：以 CCl$_4$ 作稀释剂，φ（SN）＝ 12%、c（HCl）＝ 3mol/L，萃取时间为 10min，相比 O/W（有机相/水相）＝ 1∶1，可以有效地分离钯和铂，且钯的一次萃取率可高达 99%，铂的萃取率仅为 1.4%。

含磷类萃取剂主要有磷酸三丁酯（TBP）、三烷基氧化磷和三苯基氧化磷等[32]，陈淑群等[33]用苯基硫脲-磷酸三丁酯体系对 Pd（Ⅰ）、Pt（Ⅳ）、Rh（Ⅲ）进行连续萃取分离，在盐酸介质中，控制不同的萃取条件将 Pd（Ⅰ）、Pt（Ⅳ）、Rh（Ⅲ）按顺序定量分离，最终回收率达到 98% 以上。

溶剂萃取法具有高效、分离效果好、能够快速连续操作等优点，但存在萃取容量小和萃取剂循环使用等问题，这限制了该法在贵金属回收工业中的应用。

5.4.3　离子交换法

离子交换法是利用离子交换树脂中离子交换基团与溶液中的贵金属离子接触后发生交换，从而提取贵金属的方法。离子交换树脂是一种在交联聚合物结构中含有离子交换基团的功能高分子材料，目前用于贵金属提取的树脂主要有阳离子交换树脂、阴离子交换树脂和螯合树脂。

闫英桃等[34]研究了 D001 型大孔强酸性阳离子交换树脂从 H$_2$SO$_4$-Tu（硫脲）溶液中回收 Au（Ⅰ）、Ag（Ⅰ）的性能。结果表明：在 pH≈2.0 时，树脂对 Au(Tu)$^{2+}$、Ag(Tu)$^{2+}$有良好的吸附性能，Au 和 Ag 的交换容量分别为 61.18mg/g-R 和 99.11mg/g-R。负载柱上的 Au、Ag 可分别用 NaCN-NaOH 和 H$_3$BO$_3$-NaOH-Na$_2$S$_2$O$_3$ 洗脱液定量洗脱。甘树才等[35]研究了 DT-1016 型阴离子交换树脂对超痕量 Au、Pt、Pd 的吸附性能及条件，在 0.025mol/L 的 HCl 介质中，流出速度为 0.5～1.0mL/min 时，Au、Pt 和 Pd 的回收效果最佳，其吸附率分别为 99.72%、99.60% 和 97.95%。鲍长利等[36]采用磺基苯偶氮变色酸（SPCA）作为螯合剂制备具有相应的螯合基团，从而形成树脂，实验研究 SPCA 螯合形成树脂的分析特性及其各种条件对分离回收和测定的影响，实验结果表明：

SPCA 螯合形成树脂能在 pH＜5 的盐酸溶液中稳定存在，并在 pH 为 1.0 时 SPCA 树脂将微量铂和钯的氯络阴离子进行交换并与常见的金属离子分离，采用酸性硫脲溶液定量洗脱，铂、钯的回收率大于 94%。

离子交换法具有选择性好、分离效率高、设备与操作简单等优点，且离子交换树脂吸附选择性好、物理化学稳定性高、易再生、可重复使用，但对吸附环境 pH 要求高，不易洗脱。随着对离子交换树脂的不断研究，改进其性能，离子交换树脂回收贵金属的技术将得到更广泛的应用。

5.4.4　吸附分离法

吸附分离法是利用活性炭或螯合树脂等有选择性地吸附流体中的一个或几个组分，从而使组分从混合物中分离的方法。常用吸附分离的吸附剂主要有活性炭、螯合树脂和微生物吸附剂三种类型。

目前，全球约 50%金产量采用活性炭吸附工艺生产。活性炭多孔、比表面积大、吸附效率高，但是选择性差，且不能重复使用[37]。郭淑仙等[38]通过对活性炭表面官能团改性来吸附 Pt 和 Pd，用 Dim116 炭（氨水活化）和 TU60 炭（氢氧化钠活化）吸附 Pt 和 Pd，Pt 和 Pd 的吸附率约达 94%。活性炭纤维具有优越的氧化还原吸附特性，曾戎等[39]利用剑麻基活性炭纤维与硝酸银溶液反应，将银引入纤维中。此外，其他基体的活性炭纤维也可以吸附贵金属离子。

螯合树脂可分为硫脲型螯合树脂、壳聚糖型螯合树脂、苯乙烯-二乙烯基苯聚合物型螯合树脂等。螯合树脂具有选择性好、吸附容量大、能重复使用的优点，但是制备较复杂，成本较高[37]。Atia[40]利用环硫氯丙烷和甲醛与硫脲及其衍生物反应合成了高分子主链上含硫脲结构的树脂 BS-HCHO，Ag（Ⅰ）、Au（Ⅲ）的吸附量分别达到 8.25mol/g、3.63mol/g。Fujiwara 等[41]首次将氨基酸作为交联剂合成了壳聚糖交联 L2 赖氨酸树脂（LMCCR），该树脂对 Pt（Ⅳ）、Pd（Ⅱ）和 Au（Ⅲ）的饱和吸附容量分别为 129.26mg/g、109.47mg/g 和 70.34mg/g。

微生物吸附贵金属具有很好的前景，能耗低且不污染环境，但微生物对环境要求高，易失活，其浸取速率也较低。

5.4.5　液膜法

液膜法是始于 20 世纪 60 年代的一项分离技术，它吸取了溶剂萃取的优点，但又与溶剂萃取法不同，属于非平衡态动力传质过程，液膜法实现了萃取与反萃取的“内耦合”，可以逆浓度梯度迁移溶质，特别适宜于贵金属的提取。液膜类型有乳状型液膜、支撑型液膜和大块型液膜，以及我国研究人员提出的静电式准液膜[42]。

支撑型液膜由固体高分子多孔物质和含有萃取剂的溶液组成，由于液膜溶液的良好选择性，这类液膜多用作分离金属离子。何鼎胜[43]研究了转速、pH、三正辛胺浓度、正辛醇、表面活性剂和 Cl⁻浓度对 TOA（三正辛胺）作载体的支撑液膜提取钯的影响，结果表明，该支持液膜体系能有效回收钯。乳状液型液膜具有传质表面积大、膜的厚度较薄、处理物料量大、传质速率快等特点。

液膜法具有传质动力大、所需分离级数少、试剂消耗量小和选择性好等特点[44]，但目前仍然存在液膜溶胀、膜稳定性差和破乳技术不完善等问题，阻碍了液膜法在工业化生产中的应用。

5.5　还原热力学

5.5.1　热力学计算方法

通过计算反应的标准吉布斯自由能判定反应的自发进行程度。当 $\Delta G_T^{\ominus} = 0$ 时，反应达到平衡；当 $\Delta G_T^{\ominus} < 0$ 时，用于自发的不可逆过程。标准吉布斯自由能计算采用物质吉布斯自由能函数法，应用标准反应热和标准反应熵的差经典算法求得[45]。根据热力学第二定律，等温等压条件下：

$$\Delta G_T^{\ominus} = \Delta H_T^{\ominus} - t\Delta S_T^{\ominus} \tag{5-1}$$

式中，上标"$\ominus$"为标准状态，即固体、液体为纯物质，气体为 101kPa，$\Delta G_T^{\ominus}$ 为反应的标准吉布斯自由能变化；$\Delta H_T^{\ominus}$ 为反应的标准焓变化；$\Delta S_T^{\ominus}$ 为反应的标准熵变化；T 为热力学温度。

已知

$$\Delta H_T^{\ominus} = \Delta H_{298}^{\ominus} + \int_{298}^{T} \Delta C_p \mathrm{d}T \tag{5-2}$$

式（5-2）中 ΔC_p 为生成物与反应物的热容差，即

$$\Delta C_p = \left(\sum C_p\right)_{生成物} - \left(\sum C_p\right)_{反应物} \tag{5-3}$$

而

$$C_p = a_0 + a_1 T + a_2 T^2 (或 a_{-2}T^{-1}) \tag{5-4}$$

故

$$\Delta C_p = \Delta a_0 + \Delta a_1 T + \Delta a_2 T^2 + \Delta a_{-2} T^{-2} \tag{5-5}$$

对于热容 C_p 的三项式在高温下一般常用 $a_0 + a_1 T + a_2 T^2$ 式。

式（5-2）中

$$\Delta H_{289}^{\ominus} = \left(\sum \Delta H_{298}^{\ominus}\right)_{生成物} - \left(\sum \Delta H_{298}^{\ominus}\right)_{反应物} \tag{5-6}$$

已知

$$\Delta S_T^{\ominus} = \Delta S_{298}^{\theta} + \int_{298}^{T} \frac{\Delta C_p}{T} \mathrm{d}T \tag{5-7}$$

式（5-7）中

$$\Delta S_{298}^{\ominus} = \left(\sum \Delta S_{298}^{\ominus}\right)_{\text{生成物}} - \left(\sum \Delta S_{298}^{\ominus}\right)_{\text{反应物}}$$

(5-8)

将式（5-2）、式（5-7）代入式（5-1）：

$$\Delta G_T^{\ominus} = \Delta H_{298}^{\ominus} - T\Delta S_{298}^{\ominus} + \left[\int_{298}^T \Delta C_p dT - T\int_{298}^T \frac{\Delta C_p}{T}dT\right]$$

$$= \Delta H_{298}^{\ominus} - T\Delta S_{298}^{\ominus} - T\left[-\frac{1}{T}\int_{298}^T \Delta C_p dT - \int_{298}^T -\frac{1}{T}\Delta C_p dT\right]$$

(5-9)

根据分部积分法公式 $\int u dv = uv - \int v du$，设 $v = \frac{1}{T}$，则 $dv = dT/T^2$，设 $u = \int \Delta C_p dT$，则 $du = \Delta C_p dT$，则式（5-9）可改变为

$$\Delta G_T^{\ominus} = \Delta H_{298}^{\ominus} - T\Delta S_{298}^{\ominus} - T\left[\int_{298}^T \int_{298}^T \Delta C_p dT \cdot \frac{dT}{T^2}\right]$$

$$= \Delta H_{298}^{\ominus} - T\Delta S_{298}^{\ominus} - T\left[\int_{298}^T \frac{dT}{T^2}\int_{298}^T \Delta C_p dT\right]$$

(5-10)

将式（5-5）代入式（5-10）：

$$\Delta G_T^{\ominus} = \Delta H_{298}^{\ominus} - T\Delta S_{298}^{\ominus} - T\left[\int_{298}^T \frac{dT}{T^2}\int_{298}^T (\Delta a_0 + \Delta a_1 T + \Delta a_2 T^2 + \Delta a_{-2}T^{-2})dT\right]$$

(5-11)

将式（5-11）展开得

$$\Delta G_T^{\ominus} = \Delta H_{298}^{\ominus} - T\Delta S_{298}^{\ominus} - T\left[\Delta a_0 \int_{298}^T \frac{dT}{T^2}\int_{298}^T dT + \Delta a_1 \int_{298}^T \frac{dT}{T^2}\int_{298}^T T dT\right]$$

$$+ \Delta a_2 \int_{298}^T \frac{dT}{T^2}\int_{298}^T T^2 dT + \Delta a_{-2}\int_{298}^T \frac{dT}{T^2}\int_{298}^T T^{-2}dT$$

$$= \Delta H_{298}^{\ominus} - T\Delta S_{298}^{\ominus} - T\left[\Delta a_0 \left(\ln\frac{T}{298} + \frac{298}{T} - 1\right) + \Delta a_1\left(\frac{T}{2} + \frac{298^2}{2T} - 298\right)\right.$$

$$\left.+ \Delta a_2\left(\frac{T^2}{6} - \frac{298^2}{2} + \frac{298^8}{3T}\right) + \Delta a_{-2}\times\frac{1}{2}\left(\frac{1}{298} - \frac{1}{T}\right)^2\right]$$

(5-12)

式（5-12）中括号内各项仅与温度有关，以 M_0、M_1、M_2、M_{-2} 代之，则可得

$$\Delta G_T^{\ominus} = \Delta H_{298}^{\ominus} - T\Delta S_{298}^{\ominus} - T[\Delta a_0 M_0 + \Delta a_1 M_1 + \Delta a_2 M_2 + \Delta a_{-2}M_{-2}]$$

(5-13)

式（5-13）中反应物和生成物的 $\Delta H_{298}^{\ominus}$、$\Delta S_{298}^{\ominus}$、a_0、a_2 或 a_{-2} 皆可由热力学数据表查出，各温度下的 M_0、M_1、M_2、M_{-2} 也可由表查出。查出上述数值后，根据式（5-13）即可求出反应的 $\Delta G_T^{\ominus}$。

根据方程 $\Delta G_T = \Delta G_T^{\ominus} + RT\ln K^{\ominus}$，当反应达到平衡时，$\Delta G_T = 0$，可求出反应平衡常数 $K^{\ominus}$，则可得到

$$\ln K^{\ominus} = -\Delta G_T^{\ominus} / RT \tag{5-14}$$

5.5.2　铁氧化物还原热力学

本研究中还原剂为煤粉，铁氧化物用还原剂碳还原，铁氧化物被还原为金属铁，分两步进行，首先是 CO 还原氧化物，其次是反应生成物 CO_2 与 C 发生气化反应：

$$MeO + CO === Me + CO_2 \tag{5-15}$$

$$C + CO_2 === 2CO \tag{5-16}$$

铁氧化物被 CO 还原是逐级进行的，当温度高于 570℃时，分三个阶段完成：

$$Fe_2O_3 \longrightarrow Fe_3O_4 \longrightarrow FeO \longrightarrow Fe$$

以下为用 CO 还原铁氧化物的反应：

$$3Fe_2O_3 + CO === 2Fe_3O_4 + CO_2 \tag{5-17}$$

$$Fe_3O_4 + CO === 3FeO + CO_2 \tag{5-18}$$

$$FeO + CO === Fe + CO_2 \tag{5-19}$$

$$\frac{1}{4}Fe_3O_4 + CO === \frac{3}{4}Fe + CO_2 \tag{5-20}$$

CO 还原铁氧化物反应物与生成物中气体成分摩尔数相同，反应前后气体体积不变，因而压力对反应平衡无影响，故反应自由度 f = 组分数–相数 + 1 = 3–3 + 1 = 1。因此影响反应平衡的因素只有温度和气相成分。

由式（5-14）可得

$$\ln \frac{P_{CO_2}}{P_{CO}} = -\Delta G_T^{\ominus} / RT \tag{5-21}$$

由式（5-21）可以看出，各反应气相组成比的对数与 $\frac{1}{T}$ 呈直线关系。根据式（5-13）及式（5-21），查表代入数据，可求出碳还原铁氧化物各反应平衡关系式，如表 5-1 所示。

表 5-1　固体碳还原铁氧化物平衡关系式

序号	反应方程式	$\Delta G_T^{\ominus}$-T 关系式	平衡关系式
1	$3Fe_2O_3 + CO === 2Fe_3O_4 + CO_2$	$\Delta G_T^{\ominus} = -52131 - 41.0T$	$\ln \frac{P_{CO_2}}{P_{CO}} = \frac{6270.3}{T} + 4.93$
2	$Fe_3O_4 + CO === 3FeO + CO_2$	$\Delta G_T^{\ominus} = 35380 - 40.16T$	$\ln \frac{P_{CO_2}}{P_{CO}} = \frac{4255.5}{T} + 4.83$
3	$\frac{1}{4}Fe_3O_4 + CO === \frac{3}{4}Fe + CO_2$	$\Delta G_T^{\ominus} = -9832 + 8.58T$	$\ln \frac{P_{CO_2}}{P_{CO}} = \frac{1182.6}{T} - 1.03$
4	$FeO + CO === Fe + CO_2$	$\Delta G_T^{\ominus} = -22800 + 24.26T$	$\ln \frac{P_{CO_2}}{P_{CO}} = \frac{2742.4}{T} - 2.92$
5	$C + CO_2 === 2CO$	$\Delta G_T^{\ominus} = 170700 - 174.47T$	$\ln \frac{P_{CO_2}}{P_{CO_2} \cdot P^{\ominus}} = -\frac{20531.6}{T} + 20.99$

根据由表 5-1 得到的铁氧化物反应平衡关系式和固体碳气化反应平衡关系式,绘制气相平衡曲线,如图 5-1 中（1）～（5）所示。

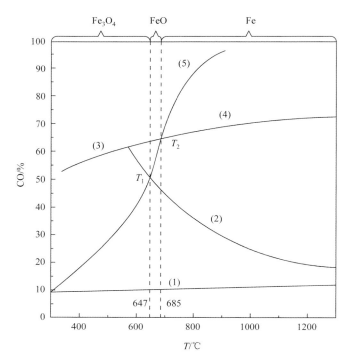

图 5-1　固体碳还原铁氧化物的气相平衡图

由图 5-1 可以看出，温度升高有利于碳的气化反应，碳的气化平衡曲线（5）将坐标平面分为两个区，上部为 CO_2 稳定区，下部为 CO 稳定区。在 400～1000℃范围内，碳的气化反应很敏感，温度低于 400℃，几乎全部生成 CO_2。温度高于 1000℃，气化反应很完全，几乎全部生成 CO。因此，固体碳还原氧化铁，在温度高于 1000℃以上，体系中主要是 CO，几乎无 CO_2。

铁氧化物还原气相平衡曲线（2）、（4）与固体碳气化反应平衡曲线（5）相交于 T_1（647℃）、T_2（685℃）两点，根据热力学反应原理，在一定温度下，当气相浓度高于气相平衡图中某一反应曲线的气相浓度时，该反应能够正向进行，即平衡曲线以上区域为该还原反应产物稳定区。由图 5-1 可知，固体碳还原铁氧化物可划分为三个稳定区域，在温度大于 T_2 时，体系中气相 CO 浓度高于铁氧化物还原反应平衡气相浓度，铁氧化物最终被还原为金属铁，因此为金属铁的稳定区；在温度低于 T_1 时，为 Fe_3O_4 的稳定区，因碳的气化平衡曲线低于铁氧化物还原曲线，仅高于平衡曲线（1），故反应向着生成 Fe_3O_4 方向进行；在 T_1 与 T_2 之间，体系中 CO 浓度高于平衡曲线（2）低于（4），即体系 CO 浓度仅高于 Fe_3O_4 还原为 FeO 的 CO 浓度，低于 FeO 还原为金属铁的 CO 浓度，因此在此温度区间内，体系中 CO 仅能满足将铁氧化物还原为 FeO，故为 FeO 稳定区。因此只有温度高于 T_2（685℃），铁氧化物才能全部转化为铁。

5.5.3　热力学研究小结

铁氧化物还原由两部分组成：CO 还原铁氧化物和碳的气化反应。由铁氧化物还原热力学可知，当温度高于 570℃时，铁氧化物被 CO 还原是逐级进行的，分三个阶段完成：$Fe_2O_3 \longrightarrow Fe_3O_4 \longrightarrow FeO \longrightarrow Fe$。固体碳还原铁氧化物可划分为三个稳定区域，温度低于 647℃为 Fe_3O_4 稳定区，温度大于 685℃为金属铁稳定区域，温度介于 647℃和 685℃为 FeO 稳定区，温度高于 685℃时，铁氧化物才能还原为 Fe。

5.6　还原-磨选法实验

5.6.1　原料分析

1. 贵金属二次物料

由于铂族金属对汽车尾气特有的净化能力，每年超过 60%的铂、钯、铑都用于生产汽车尾气净化催化剂。尽管很多机构都在研究新型催化剂来取代或减少铂族金属的使用，但随着汽车数量的增加和环保标准的提高，铂族金属的需求还会进一步增长。用于汽车催化剂的铂族金属是一座"可循环再生的铂矿"。由于铂族金属资源稀少、价格昂贵，从汽车尾气废催化剂中回收铂族金属十分重要，各国政府也很重视，世界上著名的贵金属精炼厂都有汽车尾气废催化剂的回收业务。在中国未来数年中，随着装有尾气净化装置的汽车开始大量进入报废期，将产生大批的含铂族金属的汽车尾气失效催化剂。由于环保要求越来越严格，对铂族金属回收技术也提出了更高的要求。

本研究采用王水湿法浸出汽车尾气失效催化剂，得到的残渣由于浸出不完全，尚有部分铂、钯和铑残留于渣中，为典型低品位贵金属二次物料，残渣化学分析见表 5-2，从表中可以看出残渣中主要成分，SiO_2 含量为 48.3%，Al_2O_3 含量为 14.9%，S 含量为 5.32%。此外，MgO 含量为 0.56%，铂族金属 Pt 含量为 86.15g/t，Pd 含量为 24.88g/t，Rh 含量为 42.4g/t。

表 5-2　残渣化学分析

项目	Pt	Pd	Rh	S	SiO$_2$	Al$_2$O$_3$	MgO	CaO	Fe
含量	86.15	24.88	42.4	5.32	48.3	14.9	0.56	0.025	0.06

注：Pt、Pd 和 Rh 含量单位为 g/t，其余元素为%。

2. 捕集剂

本研究所采用的捕集剂为铁矿，其 X 射线衍射分析如图 5-2 所示。从图中可以看出，其铁矿主要成分为磁铁矿、赤铁矿和二氧化硅，为典型的氧化矿。对铁矿化学元素分析如表 5-3 所示，从表中可以看出铁矿中铁含量为 57.42%，SiO_2 含量为 9.26%，其他成分含量较低，Al_2O_3 含量为 2.15%，CaO 含量为 1.84%。

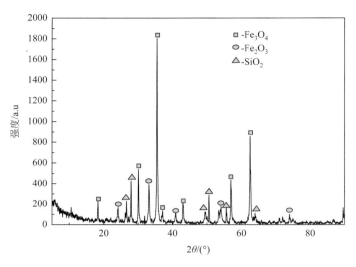

图 5-2　铁矿 XRD 图谱

表 5-3　铁矿化学成分分析

项目	Fe	SiO₂	S	Al₂O₃	MgO	CaO
含量/%	57.42	9.26	0.036	2.15	0.78	1.84

3. 还原剂

本研究采用的还原剂为煤粉，煤粉为铁矿直接还原提供热量和还原气氛。为使含碳球团达到较好的成球效果，粒度小于 0.075mm 占 74.42%。对煤粉进行 X 射线衍射分析，结果见图 5-3。从图中可以看出，煤粉中含有一定量 Si、Al 和 Mg。表 5-4 为

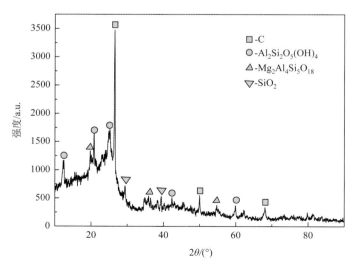

图 5-3　煤粉 XRD 图谱

还原煤粉工业分析及化学组成。从表中可以看出，还原煤粉固定碳含量高和灰分低，是良好的还原剂，煤粉中固定碳含量为 67.41%，灰分中 SiO_2 含量为 47.08%，Al_2O_3 含量为 35.14%，其他组分含量较低。

表 5-4　还原煤粉工业分析及化学组成

分析	成分	含量/%
工业分析	固定碳（cd）	67.41
	挥发分（Vdaf）	9.26
	灰分	23.33
	水分	3.27
灰分成分分析	SiO_2	47.08
	Al_2O_3	35.14
	MgO	2.43
	CaO	0.41
	Fe_2O_3	8.68
挥发分成分分析	CO_2	5.1
	O_2	0.3
	CO	27.3
	H_2	10.54
	CH_4	3.0

4. 化学试剂

本研究所用的化学试剂有添加剂氧化钙、碳酸氢铵、盐酸和硫酸，均为分析纯。

5.6.2　实验简介

1. 实验流程

实验流程如图 5-4 所示，铁矿配入添加剂、煤粉及含贵金属残渣，混匀后造球、烘干，将球团置于坩埚中，在电阻炉内还原，还原后取出球团破碎、球磨，然后湿式分选，得到含贵金属铁精粉。

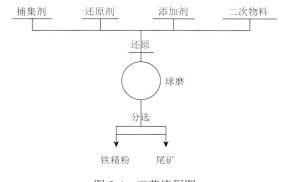

图 5-4　工艺流程图

2. 实验方法

1）球团制备

取一定量铁精矿，其粒度为小于 0.075mm，按一定比例配入还原剂、添加剂及贵金属废料（固体废料），混匀，加入 10%左右水分润湿，制备直径为 10mm 左右的球团，将制备好的球团置于烘箱内烘干。

2）还原

将烘干后球团置于石墨坩埚内，表面覆盖一层厚度为 2cm 的煤粉，当电阻炉内达到一定温度后，将石墨坩埚放入电阻炉内，在炉温达到设定温度后保温一定时间，从电阻炉内取出坩埚，表面再次覆盖一层煤粉，防止球团二次氧化，然后自然冷却至室温。

3）磨选

将球团从石墨坩埚中取出，用颚式破碎机将其破碎、粗磨，取一定量粉末，置于湿式球磨机内，在球磨一定时间后取出，球磨浓度为 50%，然后利用磁选或重选，实现金属铁与脉石的分离，得到含贵金属的铁精粉。

3. 评价指标

本研究以铁矿中铁回收率、贵金属回收率、铁粉品位、贵金属品位和贵金属富集比为主要指标。

（1）铁矿中铁回收率测定：铁粉质量乘以品位与原矿质量乘以品位的比值。

$$铁矿中铁回收率 = \frac{m_2\eta_2}{m_1\eta_1} \times 100\% \tag{5-22}$$

式中，m_1 为铁矿质量；m_2 为铁粉质量；η_1 为铁矿品位；η_2 为铁粉品位。

（2）贵金属回收率测定：富集物质量乘以贵金属品位与含贵金属物料质量乘以品位的比值。

$$贵金属回收率 = \frac{m_3\eta_3}{m_4\eta_4} \times 100\% \tag{5-23}$$

式中，m_3 为富集物质量；m_4 为含贵金属物料质量；η_3 为富集物中贵金属品位；η_4 为含贵金属物料中贵金属品位。

贵金属回收率也可表示为 1 减去尾矿质量乘以贵金属品位与含贵金属物料乘以品位的比值。

$$贵金属回收率 = 1 - \frac{m_5\eta_5}{m_4\eta_4} \times 100\% \tag{5-24}$$

式中，m_5 为尾矿质量；m_4 为含贵金属物料质量；η_5 为尾矿中贵金属品位；η_4 为含贵金属物料中贵金属品位。

（3）贵金属富集比测定：富集物中贵金属品位与含贵金属物料中贵金属品位的比值。

$$贵金属富集比 = \frac{\eta_3}{\eta_4} \times 100\% \tag{5-25}$$

式中，η_3 为富集物中贵金属品位；η_4 为含贵金属物料中贵金属品位。

4. 矿物组成研究方法

采用 X 射线衍射仪、光学显微镜、扫描电镜和能谱仪对矿物物相组成进行分析。X 射线衍射分析主要是对试样中矿物结构进行定性分析，确定物质由哪些相组成。光学显微镜、扫描电镜（SEM）和能谱仪是微观检测设备，能有效地观察产物的微观形貌，研究产物的晶体粒度和镶嵌分布情况，同时对产物中某一特定部分进行能谱分析，确定其主要成分。

5. 实验仪器及设备

实验主要仪器及设备见表 5-5。

表 5-5　实验设备一览表

仪器名称	型号
箱式电阻炉	SSX2-12-16
锥形球磨机	XMQ-φ240×90
颚式破碎机	LMZ120
摇床	LYN（S）-1100×500
鼓形弱磁选机	XCRS-Φ400×240
显微镜	Leica DM4000M
X 射线衍射仪	D/max-2200
电子扫描显微镜	S-3400N
原子吸收光谱仪	Z-2300

5.6.3　还原实验

1. 还原温度的影响

还原温度的高低直接影响铁氧化物还原及金属铁捕集贵金属效果，铁氧化物在直接还原过程中的还原剂为碳，还原反应由铁氧化物的 CO 还原和碳的气化两个反应共同完成，CO 直接还原铁氧化物，生成的 CO_2 与碳作用产生 CO。碳的气化反应需在较高温度下进行，以保证反应完全和提供足够的 CO 还原铁氧化物。

在铁矿与残渣配比为 1.5∶1、还原时间为 6h、还原剂用量为 9%、添加剂用量 10%、湿式分选条件下，研究不同还原温度对铁及贵金属回收率的影响，实验结果如图 5-5 所示。

从图 5-5 可以看出，在温度 1160～1220℃范围内，随着温度提高，铁及铂、钯、铑回收率上升较快，由此可见，温度对含碳球团还原和金属铁捕集贵金属的影响效果明显。在温度为 1180℃时，铁回收率为 92.87%，随着温度进一步升高，铁回收率提升幅度不大，趋于稳定，但贵金属回收率仍在上升，这是因为温度对铁晶粒聚集和长大影响较大，随温度升高，铁的扩散加速，有利于金属铁的凝聚，并在金属铁扩散凝聚过程中有效捕集

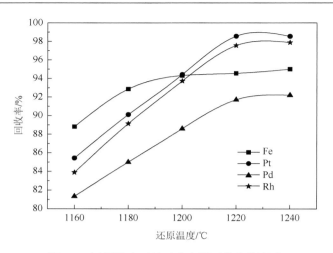

图 5-5　还原温度对铁及贵金属回收率的影响

贵金属。在温度为 1180℃时，虽然铁回收率趋于稳定，但此温度下铁晶粒较小，不利于铁晶粒捕集贵金属。在温度达到 1220℃时，Pt、Pd 和 Rh 回收率分别为 98.56%、91.72% 和 97.55%，随温度升高，贵金属回收率趋于平稳，说明该温度对铁晶粒长大并对捕集贵金属有利。但温度过高会造成球团黏结和过熔现象，抑制碳气化反应的内扩散运动，影响还原的进行。温度实验研究表明，还原温度为 1220℃时有利于铁氧化物还原和捕集贵金属。

2. 还原时间的影响

还原时间决定了在一定还原温度下铁矿还原程度和对贵金属捕集效果，在铁矿与残渣配比为 1.5：1、还原温度为 1220℃、还原剂配比为 9%、添加剂配比 10%、湿式分选条件下，研究不同还原时间对铁及贵金属回收率的影响，实验结果如图 5-6 所示。

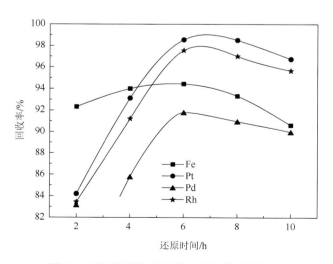

图 5-6　还原时间对铁及贵金属回收率的影响

从图 5-6 可以看出，铁及贵金属回收率随还原时间的增加先升后降，在还原时间为 6h 时达到峰值，铁回收率为 94.43%，Pt 回收率为 98.56%，Pd 回收率为 91.72%，Rh 回收率为 97.55%，这是因为还原时间过短不利于还原反应充分进行，铁晶粒也得不到有效生长，对捕集贵金属和分选不利。还原时间过长，煤粉燃烧殆尽，还原气氛减弱，氧化气氛增强，被还原的金属铁被氧化，铁与贵金属合金因氧化而分离，经球磨和分选，被氧化的金属铁和分离的贵金属进入尾矿，导致金属铁和贵金属回收率降低。为保证较高回收率和捕集效果，将还原时间定为 6h。

3. 还原剂配比的影响

本研究所采用的还原剂为煤粉，在铁矿与残渣配比为 1.5：1、还原温度为 1220℃、还原时间为 6h、添加剂配比 10%、湿式分选条件下，研究不同煤粉配比对还原效果的影响，实验结果如图 5-7 所示。

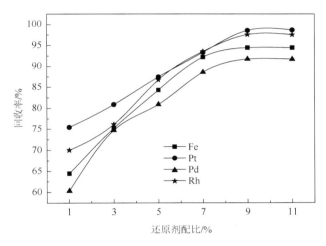

图 5-7　还原剂配比对铁及贵金属回收率的影响

从图 5-7 中可以看出，随着煤粉配比的增加，铁及贵金属回收率都有所增加，在煤粉配比为 9%时，铁及贵金属回收率达到较好指标，进一步增加煤粉用量对还原效果并无明显促进。煤粉配比从 1%增加到 9%，铁及贵金属回收率增加了 30 个百分点左右，煤粉配比过低，不利于还原反应充分，进而影响对贵金属的捕集，因此导致铁及贵金属回收率较低。但煤粉配比过高则影响金属铁晶粒聚集、长大，导致金属颗粒较小。只有煤粉配比适当，才能保证铁矿还原充分，保持较大的金属晶粒，综合考虑将煤粉配比定为 9%。

4. 添加剂配比的影响

本研究使用的捕集剂和贵金属残渣中主要含有铁氧化物、二氧化硅和铝氧化物，还原温度高于 1200℃时，铁氧化物具有较高活性，在还原反应发生的同时，铁氧化物与原料中的二氧化硅和铝氧化物发生固相反应，生成反应如下式所示：

$$2FeO + SiO_2 \Longrightarrow 2FeO·SiO_2 \tag{5-26}$$

$$FeO + Al_2O_3 \Longrightarrow FeO·Al_2O_3 \tag{5-27}$$

CaO 与 SiO$_2$ 结合力大于 FeO 与 SiO$_2$ 结合力，加入适量 CaO 可强化 CaO 与 SiO$_2$ 结合，而 FeO 成为自由态，易被还原：

$$2FeO·SiO_2 + 2CaO \Longrightarrow 2FeO + 2CaO·SiO_2 \tag{5-28}$$

$$FeO + CO \Longrightarrow Fe + CO_2 \tag{5-29}$$

为进一步确定 CaO 配比对回收率的影响，在铁矿与残渣配比为 1.5：1、还原温度为 1220℃、还原时间为 6h、还原剂配比 9%、湿式分选条件下，研究不同添加剂配比对还原效果的影响，实验结果如图 5-8 所示。

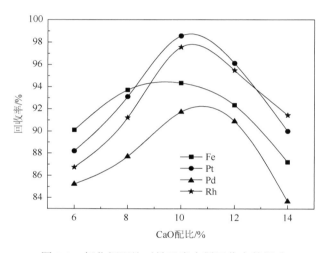

图 5-8　氧化钙配比对铁及贵金属回收率的影响

从图 5-8 中可以看出，CaO 对金属铁和贵金属回收率的影响存在一个峰值，在 CaO 配比为 10%时，铁和贵金属回收率达到最高，添加剂配比从 10%增加到 14%时，铁与贵金属回收率降低了 10 个百分点左右，加入适量 CaO 有利于取代 Fe$_2$SiO$_4$ 中 FeO，降低 Fe$_2$SiO$_4$ 开始还原温度，渣中 SiO$_2$ 和 Al$_2$O$_3$ 的含量也相对较多，铁氧化物与其发生固相反应增加渣中液相，有利于金属铁迁移、扩散和凝聚，CaO 加入量过大，渣中 Ca$_2$SiO$_4$ 的含量增多，渣量增大使金属铁晶粒之间距离变大，不利于金属铁的迁移、扩散和凝聚。因此，加入适量 CaO 有利于铁晶粒成长，最佳 CaO 配比量为 10%。

5. 铁精矿与残渣配比的影响

在还原温度为 1220℃、还原时间为 6h、还原剂配比 9%、添加剂配比 10%、湿式分选条件下，研究不同铁矿与残渣配比对还原效果的影响，实验结果如图 5-9 所示。

从图 5-9 中可以看出，随着铁矿与残渣配比增大，铁和贵金属回收率都有提高，在配

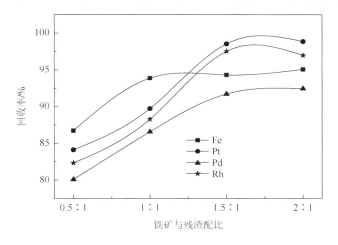

图 5-9　铁矿与残渣配比对铁及贵金属回收率的影响

比增加到 1.5∶1 后，各项指标提升幅度极其有限，从配比 0.5∶1 提升到配比 1.5∶1，铁回收率提高了 7 个百分点左右，贵金属回收率提高了 10 个百分点左右。配比量较小，不利于还原后得到的金属铁晶粒扩散和与贵金属有效接触，金属铁不能与贵金属形成合金或金属间化合物，进而影响捕集效果；配比量大，还原后金属铁晶粒扩散能力较小，有利于金属铁在还原后与贵金属充分接触，对捕集贵金属有利。在保证最佳还原指标的前提条件下，提高铁矿与残渣配比会造成还原过程中能耗增加，后期硫酸和盐酸浸出铁用量增加，相对引入更多杂质，降低贵金属富集比，因此在最佳还原指标前提条件下尽量减小铁矿与残渣的配比，综合考虑，确定铁矿与残渣配比为 1.5∶1。

5.6.4　磨选实验

1. 原料准备

选前准备是对固体物料进行有效分选的首要前提，每种分选方法都是利用物料中不同组分之间物理和化学性质差异进行的，在进行物料选别作业时，必须使其中的不同组分彼此解离。每一种分选方法都有其适宜的给料粒度，而原料粒度往往比较大。因此选别作业前，必须对原料进行破碎和磨矿作业，以使单体充分解离、粒度符合选别作业要求。

在最佳还原条件下，铁矿经还原、捕集贵金属后得到的还原球团主要为含贵金属铁合金及各种脉石，铁合金及脉石相互包裹在一起，球团较为坚硬（图 5-10），不易直接球磨，因此需对还原后球团进行预处理，如破碎和磨矿。利用扫描电镜对还原后球团粒度进行分析，如图 5-11 所示。从图中可以看出，还原后球团内金属铁粒度范围为 50～170μm，将还原后球团经颚式破碎机破碎，然后进行粗磨，对粗磨后还原产物进行粒度分析，见表 5-6。从表中可以看出，经粗磨后还原产物粒度主要分布在 +100 目，细粒级还原产物所占百分比较小。

图 5-10 还原后球团

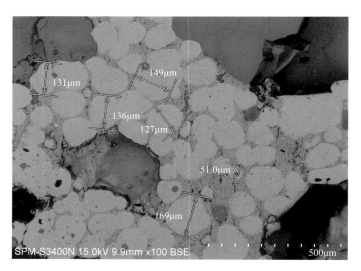

图 5-11 还原球团扫描电镜分析

表 5-6 粗磨还原产物粒度分析

项目	粒度/目				
	+ 100	−100～ + 200	−200～ + 300	−300～ + 400	−400
磨矿粒度/%	40.12	26.87	3.77	9.77	19.44

为实现铁合金及脉石的解离,需对粗磨后还原产物球磨,磨矿粒度影响单体解离程度和选别作业,同时要求金属铁颗粒足够大,避免过磨现象。在设备为 XMQ-240×90 湿式球磨机,球磨浓度为 50%的条件下,测定不同磨矿时间下的磨矿粒度,实验结果见表 5-7。从表 5-7 中可以看出,随球磨时间增加,物料粒度逐渐增加,在球磨时间达到 45min 后变化幅度较小。

表 5-7　时间与磨矿粒度的关系

粒度	时间/min	磨矿粒度/%
+100	15	25.53
	30	10.65
	45	5.1
	60	4.3
−100～+200	15	30.66
	30	32.49
	45	26.41
	60	23.75
−200～+300	15	5.02
	30	6.5
	45	7.77
	60	8.67
−300～+400	15	12.54
	30	15.14
	45	24.6
	60	26.40
−400	15	26.25
	30	35.18
	45	36.12
	60	36.88

2. 磁选工艺研究

1）球磨时间对粒度的影响

在磨矿浓度不变条件下，球磨时间对粒度的影响见图 5-12。由图 5-12 可知，球磨时间越长，粒度越细。当球磨时间为 15min 时，粒度−48μm 占 38.79%，延长球磨时间为 45min，粒度−48μm 占 58.87%。根据磁选要求，确定球磨时间为 45min。

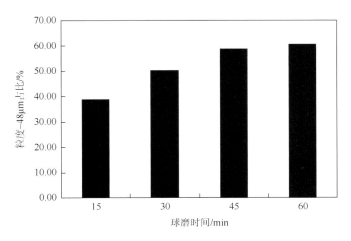

图 5-12　球磨时间对粒度的影响

2）磨矿粒度

在磁场强度 1600Oe 条件下，研究磨矿粒度对磁选效果的影响，结果如表 5-8 所示。

表 5-8　磨矿粒度对磁选效果的影响

粒度(+48μm)/%	铁品位/%	铁收率/%	铂收率/%	钯收率/%	铑收率/%
61.21	81.51	97.33	97.99	95.61	98.51
49.68	84.24	94.89	98.01	93.31	97.29
41.13	88.54	92.43	98.56	91.72	97.55
39.22	87.06	92.27	96.45	89.67	96.89

从表 5-8 可以看出，磨矿粒度从+48μm 占 61.21%到+48μm 占 41.13%，铁品位提高了 7.03 个百分点，随粒度减小铁粉品位趋于平衡，铁回收率呈现下降趋势，在粒度+48μm 占 39.22%时达到最低。贵金属回收率随粒度减小均有下降，但下降趋势不大。总体来看，铁与贵金属回收率较高，但金属铁品位较低，这是由于这种磁选机的磁性产物排出端距给料口较近，磁翻作用差，所以磁性产物质量不高。但非磁性产物排出口距给料口较远，增加了磁性颗粒被吸附的机会。另外，两种产物排出口的距离远，磁性颗粒混入非磁性物种的可能性小，所以这种磁选机对磁性颗粒的回收率高。金属铁品位高有利于后期铁粉酸浸，富集贵金属；品位较低对酸浸不利，导致贵金属富集比较低，综合考虑含贵金属铁粉后期处理，确定最佳粒度为+48μm 占 41.13%。

3）磁选强度对铁品位及回收率的影响

为确定磁选最佳强度，研究不同磁场强度对磁选铁粉品位、回收率及贵金属回收率的影响，结果如图 5-13 所示。从图 5-13 可以看出，在磁场强度较小时铁品位较高，但铁粉及贵金属回收率较低，这是由于固体颗粒在通过磁场时，受磁场力和机械力（重力、摩擦力和离心力等）作用，磁场强度较小导致磁力较弱，颗粒较大的磁性物，机械力大于磁场力，则不能被吸附到圆筒上，细粒级磁性物在距离圆筒较远时，也以机械力占优

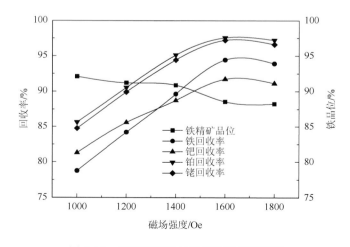

图 5-13　磁场强度对品位及回收率的影响

势不能被吸附，因此导致回收率较低。随着磁场强度增加，大颗粒和距圆筒较远细微颗粒铁粉被吸附到圆筒上，但在吸附的同时会夹杂一部分脉石，由于磁翻作用差，不能有效和这部分脉石分离，导致铁粉品位有所下降，而铁粉及贵金属回收率均随磁场强度的增强而增大，在达到 1600Oe 时，随磁场强度的增强，铁粉品位及铁粉和贵金属回收率趋于稳定，因此确立磁场强度为 1600Oe。

在最佳磁选条件，即球磨浓度 50%、球磨时间 45min 和磁场强度 1600Oe 下，得到的铁粉指标为：铁回收率为 92.43%，铁含量为 88.54%，铂含量为 110.4g/t，钯含量为 27.3g/t，铑含量为 52.1g/t。

3. 摇床分选方法研究

摇床选矿是细粒物料主要重选方法之一，通过摇床选矿可以获得较高铁粉品位。实验流程见图 5-14 和图 5-15。其中，图 5-14 流程为球磨精选工艺，可得到高品位的铁粉，图 5-15 为较为简单的球磨粗选工艺，铁收率较图 5-14 高，但铁的品位不高。影响摇床分选的主要因素有冲程、冲次、冲洗水、床面坡度和物料性质，在球磨时间 45min 条件下，物料在–0.074mm 约占 70%，为细粒物料，因此摇床选矿采用小冲程、大冲次，以加强振动松散。本研究摇床选矿主要参数为：冲程 11~13mm，冲次 300 次/min，床面坡度 3°~5°。

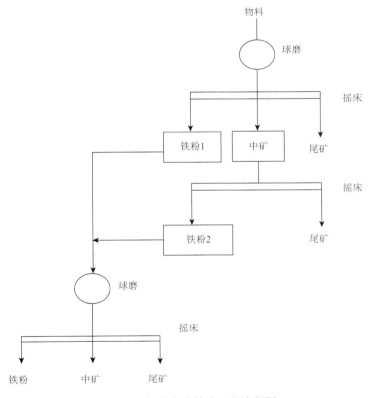

图 5-14　摇床实验精选工艺流程图

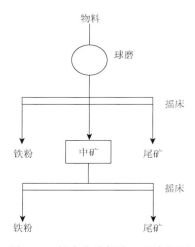

图 5-15　摇床实验粗选工艺流程图

图 5-16 为摇床选矿矿粒分带图，从图 5-16 中可以看出，矿粒分带明显，白色部分为铁粉，灰色部分为脉石。小颗粒铁粉具有较小横向速度和较大纵向速度，偏离摇床倾角较小，趋于精矿端；脉石密度比铁粉小，具有较大横向速度和较小纵向速度，偏离摇床倾角较大，趋于尾矿端；大颗粒铁粉，因其比重较大纵向速度减小，趋于中矿端。

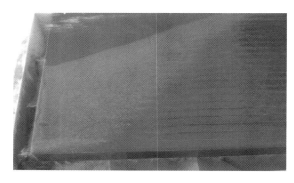

图 5-16　摇床选矿矿粒分带图

表 5-9 为摇床分选得到的铁粉指标，铁收率为 91.83%，品位为 96.55/%，Pt、Pd 和 Rh 收率分别为 96.66%、90.72%和 94.84%。利用 X 射线衍射仪对铁粉进行物相分析，结果见图 5-17。从图 5-17 可以得到，图谱上主要衍射峰为铁特征峰。由此可知，铁粉主要组分为金属铁，其他组分含量很低，铁与脉石有效分离，摇床分选效果明显。

表 5-9　摇床分选试验结果

项目	Fe	Pt	Pd	Rh
品位	96.55	114.3	30.7	55.7
收率/%	91.83	96.66	90.72	94.84

注：其中铁品位单位为%，铂族金属品位单位为 g/t。

4. 磁选与摇床选矿试验对比

将在最佳磁选和摇床选矿条件下，得到的铁粉指标列入表 5-10，通过表中数据可知，磁选和摇床选矿得到的铁粉收率并不高，主要原因是铁矿在还原捕集贵金属过程中，铁氧化物一部分转变为硫化亚铁和铁橄榄石等，这部分物料无磁性和比重较小，在分选过程中进入尾矿，导致铁收率较低。相比磁选，摇床分选得到的铁粉及贵金属品位较高，但收率相对较低，这是由于摇床选矿产率较低，但分选效果较好。磁选过程中夹杂较多脉石，产率较高，但分选效果差。考虑后续酸浸富集贵金属工艺，金属铁品位越高越有利于酸浸富集贵金属。为提高贵金属富集比，应尽量保持较高铁粉品位，因此本节研究摇床分选方法。

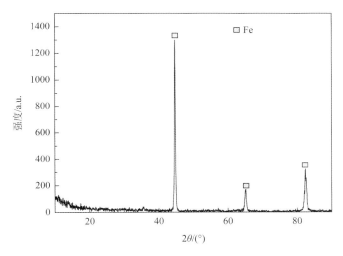

图 5-17　铁粉 XRD 图谱

表 5-10　磁选和摇床选矿得到的铁粉指标

方式	Fe 品位	Fe 收率	Pt 品位	Pt 收率	Pd 品位	Pd 收率	Rh 品位	Rh 收率
磁选	88.54	92.43	102.4	98.56	24.3	91.72	49.1	97.55
摇选	96.55	90.83	114.3	96.66	30.7	90.72	55.7	94.84

注：收率单位为%；铁品位单位为%；贵金属品位单位为 g/t。

5.7　还原-磨选过程机理

5.7.1　显微结构

通过对还原热力学和还原制度的研究，确立最佳还原指标。为进一步了解不同还原条件下各球团显微结构变化，本节采用电子显微镜对还原球团进行分析。

在铁精矿与残渣配比为 1.5∶1、还原温度为 1220℃，还原时间为 6h、还原剂配比 9%、添加剂配比 10%条件下，作还原球团显微结构图。对图 5-18 分析可知，白色部分为金属铁，黑色部分为气孔，灰色部分为脉石，金属铁颗粒较大，并与渣相呈现物理镶嵌分布，易于通过磨矿实现单体解离，再经过湿式分选回收金属铁，实现金属铁与渣相分离。

5.7.2　还原温度对铁晶粒长大的影响

固定条件：铁精矿与残渣配比为 1.5∶1，还原时间为 6h，还原剂用量为 9%，添加剂用量为 10%，图 5-19 和图 5-20 分别为 1100℃和 1220℃下铁矿还原后微观结构，从图中分析可知，白色球团颗粒主要组成为金属铁，黑色部分为气孔，灰色部分为脉石。温度是影响铁晶粒长大的关键因素，随温度升高，铁的扩散迁移和渗碳加速，使熔点降低。从图 5-19 和图 5-20 可以看出，在其他条件相同、还原温度 1100℃下开始出现细粒级的白色铁晶

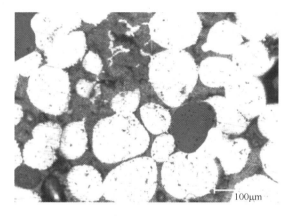

图 5-18　最佳条件下焙烧产物的显微结构

粒，尺寸较小，多数铁晶粒被灰色脉石部分包裹，较大颗粒状铁晶粒较少且比较分散，在还原温度为 1220℃时，还原球团中铁晶粒比 1100℃时多，并且铁晶粒尺寸也较 1100℃时大。

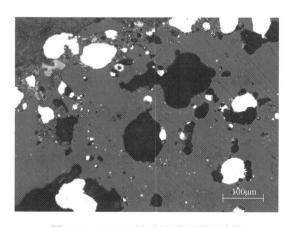

图 5-19　1100℃铁矿还原后微观结构

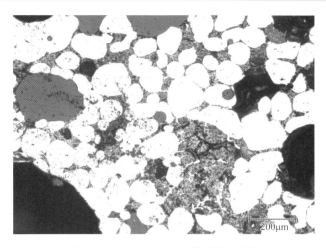

图 5-20　1220℃铁矿还原后微观结构

5.7.3　添加剂对铁晶粒长大的影响

固定条件：铁精矿与残渣配比为 1.5∶1，还原温度为 1220℃，还原时间为 6h，还原剂用量为 9%。图 5-21～图 5-23 分别为未添加 CaO、添加 10%CaO 和添加 40%CaO 铁矿还原后扫描电镜得到的形貌图，从图可以看出，添加 10%CaO 后，铁晶粒比未添加 CaO 还原后球团铁晶粒多，并且分布比未添加 CaO 还原球团密集，由此可知添加一定量 CaO 有助于铁晶粒生长。但添加过量 CaO 后，渣相中熔点升高，金属铁晶粒扩散困难，球团内部黏结变弱，当 CaO 含量大于 40%时出现粉化现象，这是由于亚稳态 β-Ca_2SiO_4 向稳态 γ-Ca_2SiO_4 转变，两种状态 Ca_2SiO_4 密度不同造成体积膨胀，引起还原球团内的其他矿物一起粉化。此外，球团中含有少量 CaO，在冷却过程中吸收水分生成 $Ca(OH)_2$，在还原球团内部产生膨胀压力，导致球团粉化。

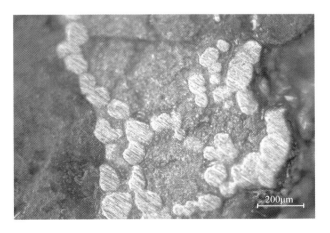

图 5-21　未添加 CaO 铁矿还原后微观结构

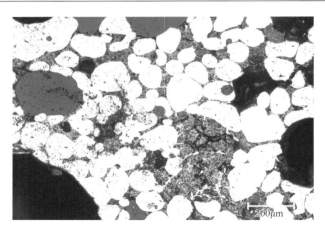

图 5-22　添加 10% CaO 铁矿还原后微观结构

图 5-23　添加 40%CaO 铁矿还原后球团

5.7.4　还原过程中铁晶粒长大行为及特点

对铁氧化物还原热力学分析可知，在还原气氛下，铁氧化物直接还原为金属铁在热力学上是自发进行的。此时，系统的体自由能减少，同时新形成的铁相与铁氧化物之间形成新的界面，引起系统界面自由能增加。另外，FeO→Fe 固态相变伴有体积变化，引起晶格能增加，在铁氧化物还原的同时还伴随着铁铝硅复合物的形成。铁晶粒生长可以分为两阶段：形核和长大。

1. 形核

形核主要分为两部分：①固-固反应界面，该部分主要是暴露在铁矿外面的铁氧化物与煤粉接触发生反应，生成少量铁原子；②固-气反应界面，固体碳逐渐反应生成 CO，CO 含量增加后，吸附于矿粒表面，通过传质与矿物内部的铁氧化物反应，由于 CO 气体比 C 更容易扩散进入矿物内部，铁氧化物还原主要由 CO 还原完成，此时产生大量铁原子。两部分铁原子通过扩散方式凝聚在一起形成晶粒。

2. 长大

晶粒长大是由于界面能量下降，即界面存在能差值，该阶段晶粒长大分为两种情况：正常长大和二次长大。前者驱动力由两相吉布斯自由能差提供，颗粒越大界面自由能越低，其特点是长大速率比较均匀，长大过程中晶粒尺寸分布及形状分布几乎不变化；晶粒二次长大是由于较大铁晶粒存在，曲率半径较大，能量较高，颗粒周围的溶质浓度小，进而形成驱动力。最小铁颗粒向最大铁颗粒方向扩散，小颗粒缩小消失，由此小晶粒不断长成大颗粒。

5.7.5　物相变化

本研究所采用的捕集剂铁矿主要为铁氧化物和少量二氧化硅，贵金属残渣中主要组分为氧化铝、二氧化硅和硫，为进一步了解还原过程中各物相变化，本节采用 X 射线衍射仪和扫描电镜能谱对还原焙烧后产物各物相变化进行分析。

图 5-24 为最佳条件下焙烧产物 XRD 图谱，由图 5-24 可知，铁矿配残渣经还原焙烧后，铁矿中铁氧化物已经不存在，转变为金属铁、硫化亚铁和铁橄榄石等，由此可见铁矿还原焙烧效果明显。

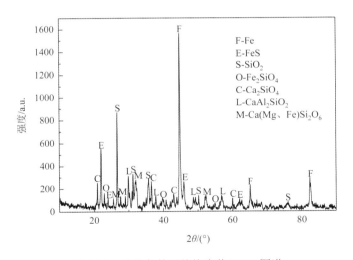

图 5-24　最佳条件下焙烧产物 XRD 图谱

本次试验还原温度为 1220℃，因此铁氧化物还原是按顺序逐级反应进行的，其顺序为

$$Fe_2O_3 \longrightarrow Fe_3O_4 \longrightarrow FeO \longrightarrow Fe$$

在还原气氛中，高价铁氧化物向低价氧化物还原的同时，二氧化硅和氧化铝等与低价氧化物之间发生固相反应，所谓的固相反应是指物料在熔化之前，两种固相发生接触反应并产生另外一种固相，此体系固相反应为

$$2FeO + SiO_2 \Longrightarrow 2FeO \cdot SiO_2 \tag{5-30}$$

$$FeO + Al_2O_3 \Longrightarrow FeO \cdot Al_2O_3 \tag{5-31}$$

此固相反应生成铁橄榄石和铁尖晶石，阻碍铁氧化物进一步还原，但产物为低熔点化合物，对铁晶粒迁移扩散有利。CaO 与 SiO_2 结合力大于 FeO 与 SiO_2 结合力，加入适量 CaO 后，可促进硅酸铁分解，增加铁氧化物活度。其主要反应式为

$$2FeO \cdot SiO_2 + 2CaO \Longrightarrow 2CaO \cdot SiO_2 \cdot 2FeO \tag{5-32}$$

$$2CaO + SiO_2 \Longrightarrow 2CaO \cdot SiO_2 \tag{5-33}$$

$$CaO + Al_2O_3 + 2SiO_2 \Longrightarrow CaO \cdot Al_2O_3 \cdot 2SiO_2 \tag{5-34}$$

$$CaO + FeO(MgO) + 2SiO_2 \Longrightarrow Ca(Mg, Fe)Si_2O_6 \tag{5-35}$$

贵金属残渣中含有一定硫元素，在还原气氛中硫元素不能被氧化为二氧化硫气体而除去，因此残留在球团内部，硫元素与金属铁在球团内接触，反应生成硫化亚铁，其反应式为

$$Fe + S \Longrightarrow FeS \tag{5-36}$$

为进一步了解球团内物相变化，通过扫描电镜和能谱分析确认还原产物物相及分布状况，结果见图 5-25 和图 5-26。从图 5-25 可以看出，铁晶粒聚集长大，并与脉石分离，还原产物主要分为三个区域，黑色部分为区域 1，白色部分为区域 2，灰色部分为区域 3，通过能谱对不同区域的产物进行分析。对区域 1 能谱分析可知，区域 1 为脉石，脉石中元素组成较为复杂，主要元素为 Si、Ca、Al、Mg、O 和 Fe，但 Fe 含量相对较低，说明该区域主要物相是由二氧化硅、氧化钙和氧化铝组成的复盐和少量铁酸盐类，结合上述物相分析可知，该区域物相为硅酸钙、硅酸铁、铁铝或铁钙镁硅酸盐或盐类氧化物；对区域 2 分析可知，其衍射峰仅为金属铁，元素铁含量为 100%；对区域 3 分析可知，其衍射峰主要为 Fe 和 S，元素含量为 67.79% 和 30.54%，其他元素含量都小于 1%，说明该区域主要物相为铁的硫化物。

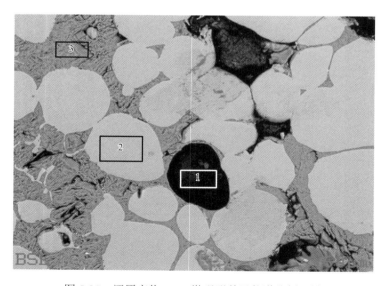

图 5-25　还原产物 SEM 微观形貌及能谱分析区域

通过上述能谱分析和扫描电镜能谱分析可以确定，在还原气氛中，铁氧化物大部分被还原为金属铁，另有少量铁以硫化亚铁和复盐的形式进入脉石，与金属铁分离。

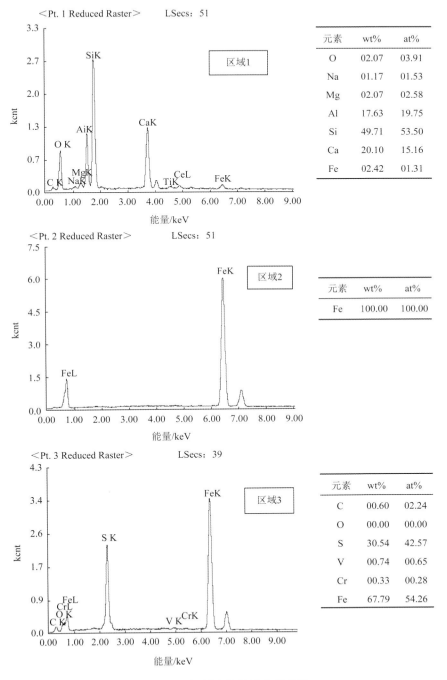

图 5-26　还原产物能谱分析结果

kcnt 表示信号强度，即 1000counts，k 表示 1000；Reduced Raster 表示激活选区扫描

5.7.6　金属铁捕集贵金属机理分析

本研究利用铁矿配入煤粉和含贵金属残渣，煤粉还原铁氧化物为金属铁，铁晶粒在形核和长大过程中捕集贵金属，通过对还原制度的研究确立还原温度为 1220℃，在铁氧化物直接还原过程中渗碳含量为 0.2%～1.2%。

作者认为铁氧化物在还原为金属铁后捕集贵金属的原理基于以下两点。

（1）贵金属元素电负性高、标准电极电位较正，因此在还原过程中，贵金属化合物优先于铁氧化物被还原，微量贵金属早先一步转化为原子态或原子团簇。铁氧化物被还原为金属铁后，球团内分为金属铁和脉石两部分，金属铁与脉石中化合物化学键结合方式不同，其黏度、密度和表面张力也不相同。对于贵金属原子或合金原子簇，它们价电子不可能与脉石中电子形成键合，但可以与金属铁中自由电子键合在一起，使体系中自由焓降低，脉石中残留的贵金属原子，它们也将靠热扩散力的推动而进入金属相。

（2）图 5-27～图 5-30 分别为铁-碳、铁-铑、铁-钯和铁-铂合金相图。由图 5-27 可知，在 1220℃时，含碳量为 0.2%～1.2%，金属铁为 γ-Fe，面心立方晶格，与铂族金属 Pt、Pd 和 Rh 具有相同的晶体结构和接近的晶格半径，由相似相溶原理可知，铂族金属 Pt、Pd 和 Rh 可与金属铁形成连续固溶体或金属间化合物。从图 5-28～图 5-30 也可以看出，在 1220℃时，金属铁与铂族金属 Pt、Pd 和 Rh 在此温度可形成连续 γ 固溶体合金 γ-（Fe，Pt）、γ-（Fe，Pd）和 γ-（Fe，Rh），铁晶粒在扩散凝聚长大过程中，金属铁会与贵金属充分接触，甚至包裹贵金属，从而可以有效提升捕集效果。

综上两点，经铁氧化物还原后得到的金属铁在扩散凝聚长大过程中，能够有效捕集贵金属 Pt、Pd 和 Rh。

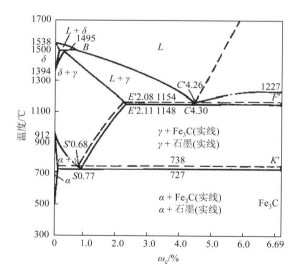

图 5-27　铁-碳合金相图

γ/A：奥氏体区；α/F：铁素体区；L：液相区；Fe₃C：渗碳体区；δ：固溶体区

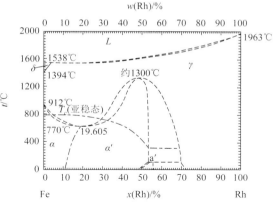

图 5-28　铁-铑合金相图

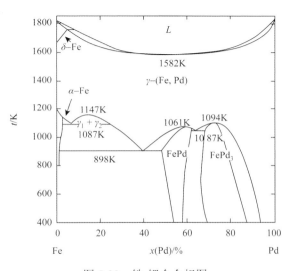

图 5-29　铁-钯合金相图

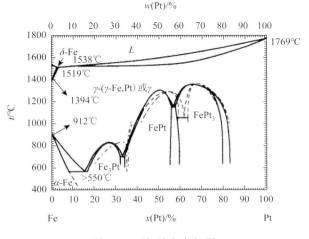

图 5-30　铁-铂合金相图

5.8 酸 浸 实 验

5.8.1 实验原料

在最佳还原-磨选条件下得到铁精粉，对其进行化学分析，结果如表 5-11 所示，从中可知，铁粉中除金属铁外，还含有少量硫和二氧化硅。

表 5-11 铁粉化学成分分析

项目	Fe	Pt	Pd	Rh	SiO$_2$	Al$_2$O$_3$	S	CaO
含量/%	96.55	114.3	30.7	55.7	1.05	<1	1.9	<1

注：其中铂族金属含量单位为 g/t。

5.8.2 探索实验

为进一步富集贵金属，采用硫酸或盐酸浸出贱金属富集贵金属方案，由于铂、钯和铑不溶于硫酸或盐酸中，留在浸出渣中，达到贵金属与贱金属分离和富集贵金属的目的。

根据表 5-11 中铁粉化学成分分析，提出三种酸浸方案，主要目的为浸出铁，三种方案分别为硫酸浸出、盐酸浸出和两段浸出，其中第一段浸出为硫酸浸出，第二段浸出为盐酸浸出，以铁的浸出率和铁粉与酸浸渣比为指标，研究不同酸浸效果。实验结果见表 5-12，通过对三种方法的对比可知，硫酸浸出比盐酸浸出效果好，但硫酸浸出杂质元素效果较差，可以看出两段浸出杂质元素效果最佳，富集比较高，因此确定先利用硫酸浸出，后用盐酸浸出的实验方案。

表 5-12 不同酸浸方法对浸出效果的影响

项目	25%盐酸	30%硫酸	硫酸、盐酸
铁浸出率/%	91.6	96.45	99.13
富集比（倍数）	11.9	17.46	202.1

5.8.3 一段硫酸浸出实验

1. 液固比的影响

在浸出温度为 65℃、硫酸初始浓度为 30%、时间为 90min、搅拌速率为 250r/min 条件下，研究不同液固比对金属铁浸出率的影响，实验结果见图 5-31。

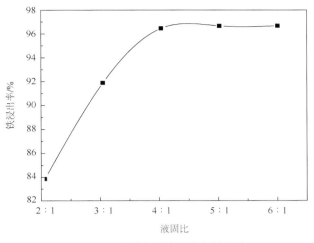

图 5-31　液固比对铁浸出率的影响

从图 5-31 可以看出，液固比在 2∶1～4∶1 时，铁的浸出率随液固比的增大而升高，这是由于增大液固比使浸出液黏度降低，扩散条件改善，同时液固比增大，固液接触机会增大，反应速率提高。液固比为 4∶1 时，铁的浸出率为 96.45%，继续增加液固比浸出率变化不大，反而因浸出液的增加浸出槽体积加大，增加设备投资，因此本实验将浸出液固比确定为 4∶1。

2. 浸出温度的影响

在液固比为 4∶1、硫酸浓度为 30%、时间为 90min、搅拌速度为 250r/min 条件下，研究不同温度对铁浸出率的影响，实验结果如图 5-32 所示。

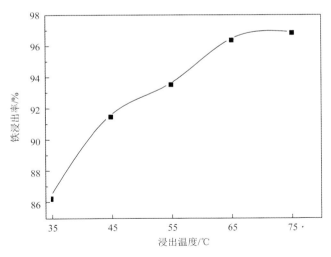

图 5-32　浸出温度对铁浸出率的影响

从图 5-32 可以看出，浸出温度对浸出率的影响非常明显，这是因为温度对化学反应速率和扩散速率都有影响。随着温度的升高，硫酸的分子运动加快，活化分子数增多，有效碰撞次数增加，有效提高了反应速率。温度为35℃时铁的浸出率为86.33%，而温度为65℃时，铁的浸出率为96.45%，增加了约10个百分点，铁的浸出率随温度增长幅度非常明显，但在温度达到65℃后，铁浸出率上升幅度不大，趋于稳定，因此确定温度为65℃。

3. 硫酸浓度的影响

在液固体积比为4∶1、浸出温度为65℃、时间为90min、搅拌速度为250r/min条件下，研究不同硫酸浓度对铁浸出率的影响，实验结果如图5-33所示。从图5-33可以看出，硫酸浓度越大越有利于铁的浸出，这是因为随硫酸浓度升高，单位体积内铁粉与硫酸的接触增加，反应速率提高。在硫酸浓度低于30%时，随浓度的增大，铁浸出率升高幅度较大；在硫酸浓度大于30%时，铁浸出率上升幅度减缓，趋于稳定。综合考虑，浓度越高对设备要求越高，因此选择硫酸浓度为30%。

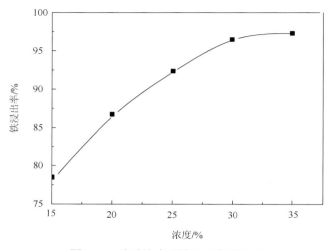

图5-33　硫酸浓度对铁浸出率的影响

4. 搅拌速度的影响

在液固比为4∶1、浸出温度为65℃、硫酸浓度为30%、时间为90min条件下，研究不同搅拌速度对铁浸出率的影响，实验结果如图5-34所示。

由图5-34可知，随搅拌速度的增加，铁的浸出率由92.53%提升到96.45%，提高了约4个百分点，铁的浸出率变化不大，这是由于在硫酸与金属铁刚开始反应时，产生大量的气泡，金属铁颗粒附着在气泡上，随气泡一块向上运动，上升到液面气泡破裂，铁粒下降，气泡的作用相当于搅拌的效果，随着反应的进行，铁粉含量逐渐减少，气体产生量也随之减少，搅拌的影响效果逐渐增强。在搅拌速度为250r/min时，铁的浸出率达到96.45%，继续增加搅拌速率，铁浸出率提高幅度不大，因此本实验将搅拌速度定为250r/min。

5. 浸出时间的影响

在液固比为4∶1、浸出温度为65℃、硫酸浓度为35%、搅拌速度为250r/min条件下，研究浸出时间对铁浸出率的影响，结果如图5-35所示。

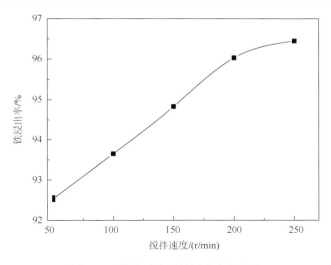

图 5-34　搅拌速度对铁浸出率的影响

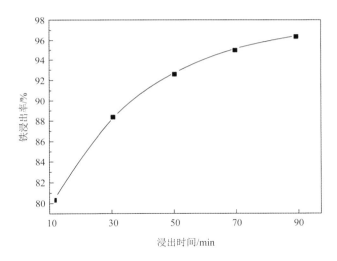

图 5-35　浸出时间对铁浸出率的影响

由图 5-35 可知，铁浸出率在反应初期增长幅度表现尤为明显，延长时间能有效提高物料与硫酸接触的时间，进行充分反应。浸出时间达到 70min 时，铁的浸出率上升放缓；在 90min 时，铁浸出率达到 96%以上。继续增加时间，铁浸出率提升幅度不大，但能耗增加。因此将浸出时间定为 90min。

5.8.4　浸出渣分析

在最佳硫酸浸出条件下，得到硫酸浸出渣，对其进行成分分析，结果见表 5-13。从表中可以看出，浸出渣中主要为 Fe 和 S，含量为 60.59%和 31.2%。对硫酸浸出液中贵金属含量进行分析，溶液中贵金属含量均低于 0.0005g/L，铁粉与硫酸浸出渣比为 17.43。

表 5-13　硫酸浸出渣成分分析

项目	Fe	S	Pt	Pd	Rh
含量/%	60.59	31.2	1995.6	536	972.5

注：贵金属含量单位为 g/t，其余含量单位为%。

利用 X 射线衍射（XRD）方法对硫酸浸出渣进行物相分析，结果见图 5-36。从图 5-36 可以看出，XRD 图谱上只有一条主要衍射峰，为 FeS 衍射峰，说明浸出渣中主要物相为 FeS，另外还含有少量 Fe 和 SiO₂。

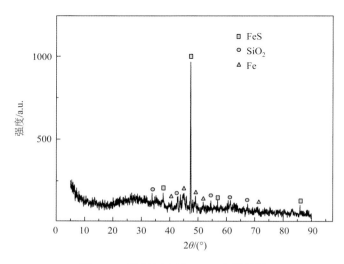

图 5-36　硫酸浸出渣 XRD 分析结果

5.8.5　二段盐酸浸出实验

为进一步富集贵金属，对浸出渣进一步溶解。由以上分析可知，硫酸浸出渣中主要成分为 FeS，易溶于盐酸溶液，因此采用盐酸继续溶解，最终获得贵金属富集物。本节研究采用盐酸浓度为 25%，浸出时间 3h，对盐酸浸出渣进行光谱分析，分析结果见表 5-14，盐酸浸出液中贵金属含量均小于 0.003g/L。

表 5-14　盐酸浸出渣化学分析　　　　　　　　（单位：%）

项目	Al	Si	S	Ca	Fe	Mg	P	Cl	O
含量	5.19	7.06	2.79	4.6	1.45	1.29	5.82	1.2	64.4

项目	Pt	Pd	Rh

从表 5-14 中可知，最终贵金属富集物 Pt 含量为 2.31%，Pd 含量为 0.36%，Rh 含量

为 1.04%，从原料到最终富集物，贵金属铂、钯和铑富集比分别为 268、144.7 和 245.3，回收率分别为 96.16%、90.52%和 93.35%。

5.8.6　浸出液综合利用

酸浸液主要为 Fe^{2+} 离子，可制备氧化铁红作为捕集剂，实现浸出液的综合利用。把含铁离子溶液加入预先配置好的碳酸氢氨溶液中，进行中和反应，反应式为

$$Fe^{2+} + CO_3^{2-} \xlongequal{\quad} FeCO_3 \downarrow \tag{5-37}$$

控制 pH 在 6.4~6.7，温度低于 45℃，静置 1h 后会有大量沉淀产生，再进行抽滤、烘干。将烘干后的沉淀倒入坩埚中，将坩埚放入马弗炉，在 850℃下焙烧 2h，保温 1h，得到氧化铁红，生成铁红的方程式为

$$FeCO_3 \xrightarrow{\quad\quad} Fe_2O_3 \tag{5-38}$$

5.9　硫酸浸出动力学

5.9.1　动力学模型

本反应属于液固多相反应过程，反应过程中合金物料中主要金属元素铁与硫酸反应而溶解，其他难溶金属沉积在渣中，可见在反应过程中无固体产物层产生，为液-固反应的无固体产物层的浸出反应，反应过程由三个步骤完成：①硫酸由溶液主体通过液相边界层扩散到反应物铁粉表面；②界面化学反应，包括硫酸在铁粉表面上吸附，被吸附的硫酸与铁粉反应，产物在固体表面脱附；③产物从固体表面扩散到溶液。

反应过程中保持反应物浓度恒定，则球形颗粒在浸出过程中的动力学方程为

$$1-(1-a)^{1/3} = K_c t \tag{5-39}$$

$$K_c = M_{k'_c}/b\rho\gamma \tag{5-40}$$

式中，a 为合金物料在反应时间 t 内的反应分数；t 为浸出时间，min；M 为反应物 A 相对原（分）子质量，g；b 为反应物 B 的化学计量系数 $[A(s) + B(aq) \xrightarrow{\quad} C(aq)]$；$\rho$ 为球形颗粒的密度，g/cm^3；γ 为球形颗粒的初始直径，cm；k'_c 为表面化学反应速率常数；K_c 为化学控制速率常数。

对于无固体产物层的浸出反应，无论反应过程是处于扩散控制还是处于界面化学控制，速率方程式（5-39）均适用。反应过程受界面化学控制时，温度对反应速率有显著的影响，而搅拌强度则影响不大；反应过程受扩散控制时，搅拌强度对反应速率影响较大，而温度影响较小。

实验方法：称取一定量的原料，置于水浴加热反应器皿中，所有浸出实验液固比为 400∶1（体积/重量），尽量确保浸出体系的液固比比较大，保持硫酸浓度在浸出过程中近似不变。按相同的时间间隔分别取五个样品进行化学分析，确定浸出液中的 Fe^{2+} 的浓度，并计算出铁的浸出率。

5.9.2　实验结果与讨论

1. 硫酸浓度对浸出的影响

在浸出温度为65℃、搅拌速率为250r/min、液固比为400∶1条件下，分别取硫酸浓度为0.1mol/L、0.2mol/L、0.3mol/L、0.4mol/L、0.5mol/L，进行不同硫酸浓度对铁浸出对比实验，实验结果见图5-37。通过图5-37可以看出，随硫酸浓度升高，铁浸出率增大，在浸出10min后，硫酸浓度为0.1mol/L、0.2mol/L、0.3mol/L、0.4mol/L、0.5mol/L，铁浸出率分别为70.57%、76.48%、85.25%、91.25%、96.84%。

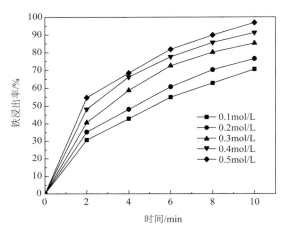

图5-37　硫酸浓度对铁浸出率的影响

根据图5-37中铁浸出率数据，以$1-(1-a)^{1/3}$对t作图，a为铁浸出率，结果如图5-38所示，其直线通过原点，由此得到硫酸浓度为0.1mol/L、0.2mol/L、0.3mol/L、0.4mol/L、0.5mol/L时的表观速率常数K_c分别为0.03592、0.04158、0.05225、0.06061、0.07023，其线性相关系数均大于0.98。

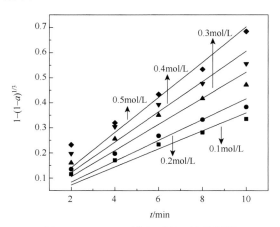

图5-38　$1-(1-a)^{1/3}$与时间t的关系图

n 级速率公式可以表示为

$$V = -\frac{\mathrm{d}C}{\mathrm{d}t} = K_{\mathrm{c}}C^n \qquad (5\text{-}41)$$

取对数得 $-\ln K_{\mathrm{c}} = \ln V + n\ln C$，以 $-\ln K_{\mathrm{c}}$ 对 $\ln C$ 作图得到图 5-39，由此得反应方程为 $-\ln K_{\mathrm{c}} = -0.41823\ln C + 2.42096$，因此反应级数为 0.67559。

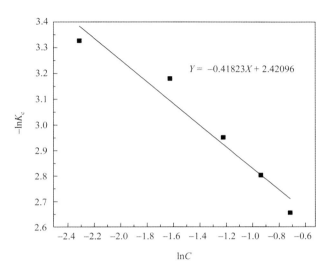

图 5-39　$-\ln K_{\mathrm{c}}$ 与 $\ln C$ 关系图

2. 浸出温度对浸出的影响

在硫酸浓度为 0.3mol/L、搅拌速率为 250r/min、液固比为 400∶1 条件下，分别取浸出温度为 35℃、45℃、55℃、65℃ 和 75℃，进行不同浸出温度对铁浸出对比实验，实验结果见图 5-40。从图 5-40 可以看出，随浸出温度升高，铁浸出率增大，在浸出 10min 后，

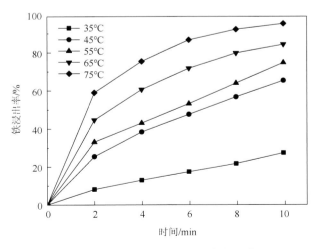

图 5-40　浸出温度对铁浸出率的影响

浸出温度为 35℃、45℃、55℃、65℃和 75℃，铁浸出率分别为 27.73%、66.08%、75.57%、85.25%和 96.26%。

以 $1-(1-a)^{1/3}$ 对时间 t 作图，见图 5-41，得到不同温度（35℃、45℃、55℃、65℃、75℃）下表观速率常数 K_c，分别为 0.01034、0.03172、0.03819、0.05289、0.07475。

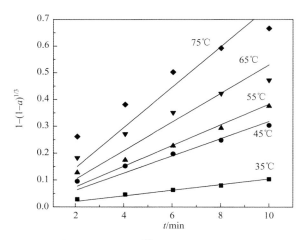

图 5-41　$1-(1-a)^{1/3}$ 与时间 t 的关系图

根据阿伦尼乌斯（Arrhenius）定理：

$$\frac{\mathrm{d}\ln K_c}{\mathrm{d}T} = \frac{E_a}{RT^2} \tag{5-42}$$

式中，E_a 为表观活化能，J/mol；K_c 为表观速率常数；T 为温度，K；R 为气体常权，$R = 8.34\mathrm{J/(mol \cdot K)}$。

对上述公式积分得 $\ln K_c = -\dfrac{E_a}{RT} + C$，以 $\ln K_c$ 对 $1000/T$ 作图，见图 5-42，则可得到方程 $\ln K_c = -4.83656/T + 11.40216$，因此 $E_a/R = 4.83656$，由此得到浸出反应的表观活化能 $E_a = 40.21\mathrm{kJ/mol}$，因此硫酸浸出为界面化学反应控制。

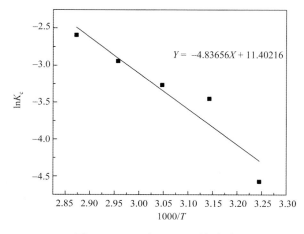

图 5-42　$\ln K_c$ 与 $1000/T$ 关系图

5.10　浸出动力学研究小结

通过考察还原-磨选工艺参数对铁及贵金属回收率的影响和相关理论分析，得出如下结论。

（1）针对还原-磨选工艺，研究了还原温度、还原时间、添加剂配比、还原剂配比、残渣与捕集剂配比、球磨浓度和磨选法对指标的影响，确定最佳工艺参数：还原焙烧温度 1220℃，还原时间 6h，煤粉配比 9%，添加剂配比 10%，铁矿与残渣配比 1.5∶1；在磨选作业中确定了球磨时间 45min，采用摇床分选的方法，摇床选矿采用小冲程、大冲次，以加强振动松散，主要参数为冲程 11～13mm，冲次 300 次/min，床面坡度 3°～5°。

（2）由还原产物微观结构可知，低温下铁晶粒尺寸较小，多数被灰色脉石部分包裹且比较分散，提高还原温度有助于铁晶粒的扩散凝聚，高温下形成铁晶粒，铁晶粒分布广泛且数量较多。无添加剂时，铁晶粒扩散凝聚受阻，铁晶粒较少，添加一定量 CaO 后，有助于铁晶粒生长，但当添加过量 CaO 后，渣相中熔点升高，金属铁晶粒扩散困难，球团内部黏结变弱，添加 CaO 含量为 40% 时，还原球团出现自粉化现象。

（3）对还原球团物相变化研究可知，在还原气氛中，铁氧化物大部分被还原为金属铁，另有少量铁以硫化亚铁和复盐的形式进入脉石，与金属铁分离。脉石中 SiO_2、Al_2O_3、CaO 和 FeO 之间发生固相反应，生成硅酸钙、硅酸铁、铁铝或铁钙镁硅酸盐或盐类氧化物。

（4）贵金属化合物优先于铁氧化物被还原，转化为原子态或原子团簇，与金属铁中自由电子键合在一起，使体系中自由焓降低，它们也将依靠热扩散力的推动而进入金属相。在 1220℃ 时，金属铁为面心立方晶格，与铂族金属 Pt、Pd 和 Rh 具有相同的晶体结构和接近的晶格半径，铂族金属 Pt、Pd 和 Rh 与金属铁形成连续固溶体或金属间化合物。

（5）还原球团金属铁粒粒度范围为 50～170μm，选别作业前先经破碎、球磨处理，在球磨浓度 50% 条件下，球磨 45min 可实现单体解离。磁选可以提高铁粉及贵金属回收率，但品位较低，摇床选矿可以提高铁粉品位，但收率相对要低，金属铁品位越高越有利于酸浸贱金属富集贵金属。为达到贵金属较高富集比，选择摇床分选方法。

酸浸实验小结：

（1）实验方案确定先用硫酸浸出，后用盐酸浸出，硫酸浸出最佳条件：浸出温度为 65℃，硫酸初始浓度为 30%，时间为 90min，搅拌速率为 250r/min，液固比为 4∶1。在最佳浸出条件下铁浸出率为 96.45%，溶液中贵金属含量低于 0.0005g/L，利用 X 射线衍射仪对硫酸浸出渣进行分析，主要物相为硫化亚铁。

（2）采用盐酸进一步浸出硫酸浸出渣，盐酸浓度为 25%，时间 3h，最终得到贵金属富集物 Pt 含量为 2.31g/t，Pd 含量为 0.36g/t，Rh 含量为 1.04g/t，从原料到最终富集物，贵金属铂、钯、铑富集比分别为 268、144.7、245.3，回收率分别为 96.16%、90.52%、93.35%。

（3）对硫酸浸出动力学研究可知，硫酸浸出为界面化学反应控制，反应级数为 0.67559，表观活化能为 40.21kJ/mol。

5.11　还原-磨选-酸浸法处理失效有机铑催化剂

5.11.1　失效有机铑催化剂

铂族金属铑具有活性高、选择性强和寿命长等特点，在化工催化方面有着重要的意义，广泛应用于石油、医药和精细化工等领域。铑易与有机物形成配合物，主要是羰基铑和三苯基膦氯化铑、三苯基氧基膦或三丁基膦形成的复合配合物，广泛应用于均相催化剂，对于有机合成过程的氢化、羰基加成、酰氢化等反应极具活性，如丙烯生产正丁醛的生产工艺中，一氯三苯膦铑作为特效催化剂。但在催化过程中，各种高沸点的副产物及其原料中的杂质使部分催化剂失活。

失效有机铑催化剂结构较为稳定，一般处理方法不能有效富集铑，目前富集方法主要可以分为火法和湿法[46]。火法富集是非铑催化剂直接煅烧得到铑灰或加捕集剂，得到铑富集物。湿法是转化铑的存在形式，并使其以水溶性化合物的形式存在，然后提取。但因铑的有机磷化合物很稳定，造成回收率不高，且回收产物中铑含量很低。湿法富集包括萃取法[47]、还原法[48]、蒸馏法[49]、吸附法[50]、离子交换法[51]等。

5.11.2　有机铑废液处理

本研究采用含铑有机废液，废液中含有乙酰丙酮、酒精、乙酰丙酮铑等有机物，由有机相和水相组成，铑含量为 0.34g/L（或 309g/t）。

5.11.3　实验流程

实验流程如图 5-43 所示，铁精矿配入添加剂、煤粉以及含铑废液，混匀后造球、烘干，将球团在电阻炉内还原，焙烧产物经球磨后选分，得到含贵金属铁精粉，浸出金属铁后得到含贵金属富集物。浸出液中加入配制好的碳酸氢铵溶液，将固体产物焙烧得到铁红，可作为捕集剂。

5.11.4　还原实验

1. 不同铁矿对捕集效果的影响

采用菱铁矿和铁精矿进行对比实验，固定条件：还原温度为 1200℃；煤粉配比为 5%，添加剂配比为 8%，含铑废液与铁矿固液比 5∶3，磨选。实验结果见表 5-15。从表 5-15 可以看出，铁矿品位对铑回收率影响较大，采用铁精矿，经还原捕集铑分选后，铁回收

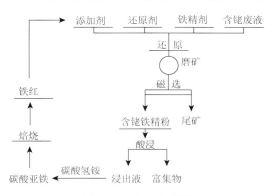

图 5-43 实验流程图

率为 94.43%，铑回收率为 96.53%，而采用低品位菱铁矿铁回收率为 83.04%，铑回收率仅为 81.82%，这是因为铁矿品位较低，脉石会阻碍还原后的金属铁晶粒扩散聚集长大，导致铁晶粒较小，金属铁不能充分与铑接触，从而不能有效捕集铑。此外，在磨选过程中，金属铁粒过细，部分以金属铁的形式进入尾矿中，导致磨选效果差和回收率低。综上因素，选择品位较高的铁矿作为捕集剂。

表 5-15 不同铁矿对捕集效果的影响 （单位：%）

矿类	铁矿品位	铁精粉品位	铁回收率	铑回收率
菱铁矿	24.15	92.43	83.04	81.82
铁精矿	57.42	96.22	94.43	96.53

2. 还原温度对铑回收率的影响

还原温度直接影响铁矿还原和捕集效果，固定条件：添加剂配比为铁矿含量的 8%，煤粉配比为铁矿含量的 9%，还原时间为 6h，含铑废液与铁精矿液固比为 3∶5，湿式分选。研究不同温度对铑回收率的影响，结果见图 5-44。从图 5-44 可以看出，还原温度在 1160～1200℃范围时，随着温度升高，铑回收率提高很快。在 1160℃时，铑回收率仅 83.18%，温度提高到 1200℃时，铑回收率提高到 96.53%，提高了 13 个百分点左右。这是因为温度对铁晶粒聚集和长大影响较大，随温度升高铁的扩散加速，有利于金属铁的凝聚，并在金属铁扩散凝聚过程中有效捕集铑，还原后球团如小铁球，较为坚硬，对铂族金属铑捕集效果和后续分选效果最佳。由此可见，该温度对含金属铁还原和捕集影响效果明显。综上，将还原温度定为 1200℃。

3. 还原时间对铑回收率的影响

固定条件：添加剂配比为铁矿含量的 8%，煤粉配比为铁矿含量的 9%，含铑废液与铁矿液固比 3∶5，还原温度为 1200℃，湿式分选。研究不同还原时间对铑回收率的影

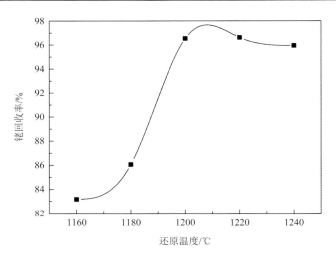

图 5-44　还原温度对铑回收率的影响

响，结果见图 5-45。从图 5-45 可以看出，铑回收率随着还原时间的增加而提高，还原时间为 4h 时，铑回收率为 86.55%；时间为 6～10h 时铑回收率基本不变；当时间大于 10h 之后，铑回收率会随着时间的延长而下降。说明随着还原时间的延长，球团再氧化严重，且再氧化有加速的趋势。这是因为随着时间的增长煤粉消耗殆尽，还原性气氛减弱，氧化性气氛增强，部分金属被氧化为氧化物导致对铑捕集效果降低。因此，还原时间不宜过短和过长，综合两者因素，将还原时间定为 6h。

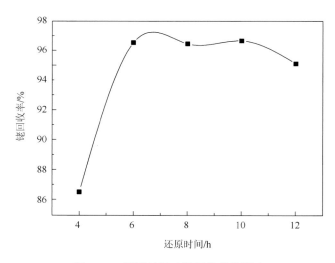

图 5-45　还原时间对铑回收率的影响

4. 还原剂用量对铑回收率的影响

固定条件：添加剂配比为铁矿含量的 8%，含铑废液与铁矿固液比为 3∶5，温度为 1200℃，还原时间为 6h，湿式分选。研究不同煤粉配比对铑回收率的影响，结果见图 5-46。

煤粉配比影响反应气氛,配比量过小则不利于反应完全,配比量过高则会给还原矿带入更多的灰分,影响铁晶粒的长大。从图 5-46 可以看出,煤粉配比过低,不利于金属铁的充分还原,进而影响对贵金属的捕集,煤粉配比也不宜过高,过高则影响还原出的金属铁聚集、生长,导致金属颗粒较小。只有煤粉配比适当,才能保证铁精矿充分还原和保持较大的金属晶粒,综合考虑,将煤粉配比定为 9%。

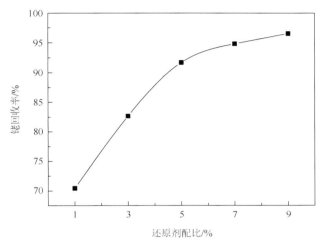

图 5-46　还原剂配比对铑回收率的影响

5. 添加剂配比对铑回收率的影响

固定条件:煤粉配比为铁矿含量的 9%,还原时间为 6h,含铑废液与铁矿液固比为 3∶5,还原温度为 1200℃,还原时间为 6h,湿式分选。研究不同添加剂(CaO)配比对铑回收率的影响,结果见图 5-47。从图 5-47 可以看出,CaO 对铑回收率的影响存在一个

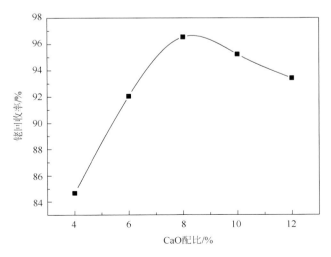

图 5-47　CaO 配比对铑回收率的影响

峰值，在 CaO 配比为 8%时，铑回收率达到最高。加入适当 CaO 有利于取代 Fe_2SiO_4 中 FeO，降低 Fe_2SiO_4 开始还原温度，渣中 SiO_2 和 Al_2O_3 的含量也相对较多，铁氧化物与其发生固相反应，增加渣中液相，有利于金属铁迁移、扩散和凝聚。加入 CaO 量过大，渣中 Ca_2SiO_4 的含量增多，渣量增大使金属铁晶粒之间距离变大，不利于金属铁的迁移、扩散和凝聚。此外，CaO 配比过大会减小还原剂与铁精矿接触面积，对还原不利。因此，确定氧化钙配比为 8%。

5.11.5 磨选实验

在最佳还原条件下得到还原球团，金属铁与脉石相互镶嵌在一起，如图 5-48 所示，白色部分为金属铁，灰色部分为脉石，黑色部分为气孔。为达到最佳分选效果，将金属铁与脉石分离。因此，需将还原球团进行破碎、粗磨和球磨，确立摇床选矿的实验方法，设备为 LYN（S）-1100×500 型。

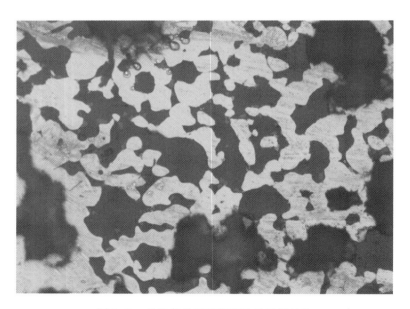

图 5-48 最佳条件下焙烧产物的显微结构

为实现金属铁及脉石的解离，对粗磨后还原产物进行球磨，磨矿粒度影响单体解离程度和选别作业，颗粒过大，则不能使金属铁与脉石充分解离，导致选别作业后铁粉品位较低。同时金属铁颗粒不能太小，过小则在选别作业过程中，铁晶粒不能有效同脉石分离，导致铁粉回收率过低，因此要避免过磨现象。

球磨时间直接影响单体解离程度和磨矿粒度，因此本节研究不同球磨时间对球磨粒度、铁品位及铁与铑回收率的影响。固定条件：球磨浓度为 50%，摇床选矿采用小冲程、大冲次，以加强振动松散，摇床选矿主要参数为冲程 11～13mm、冲次 300 次/min、床面坡度 3°～5°。实验结果见表 5-16。

表 5-16　球磨时间对摇床选矿效果的影响

球磨时间/min	磨矿粒度（+48μm）/%	铁粉品位/%	铁回收率/%	铑回收率/%
0	70.79	83.97	98.74	98.26
15	61.21	89.91	97.89	97.71
30	49.68	92.51	95.74	97.29
45	41.13	96.22	94.43	96.53
60	39.22	96.24	93.27	94.89

从表 5-16 可以看出，随球磨时间增加，磨矿粒度逐渐变小。在粗磨的情况下，铁精矿和铑的回收率较高，但金属铁粒不能与脉石充分解离，导致铁粉品位较低。球磨时间短，会获得铂族金属铑较高回收率，但相应的铁粉品位较低，金属铁不能有效地与脉石分离，不利于后期酸浸处理；球磨时间过长，会出现过磨现象，铁粒过细，随脉石进入尾矿中，导致回收率降低。在球磨 45min 后，铁粉品位基本维持不变，但铁与铑回收率仍在下降，综合考虑含铑铁粉后期处理及其回收率，确定最佳球磨时间为 45min。

在最佳条件下，对选别作业后得到的铁粉，利用 X 射线衍射仪进行物相分析，结果见图 5-49。从图 5-49 可以得到，铁粉主要物相为铁，分选效果明显。对铁粉进行化学分析可知，铁含量为 96.22%，铑含量为 103.6g/t。

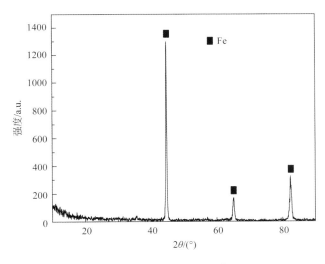

图 5-49　铁粉 XRD 图谱

5.11.6　酸浸实验

结合第 4 章酸浸实验，确定最佳浸出方案为一段硫酸浸出，二段盐酸浸出。最终得到贵金属富集物。在硫酸浓度为 30%、浸出温度为 65℃、浸出时间为 90min、搅拌速度为 250r/min 条件下，得到的硫酸浸出渣中铑含量为 6995.9g/t，硫酸浸出液中铑含量低于 0.0005g/L。

对浸出渣进一步采用盐酸浸出，在盐酸浓度为 25%、浸出时间 3h 条件下，对盐酸浸出渣化学分析结果见表 5-17，盐酸浸出液中贵金属含量均小于 0.003g/L。

表 5-17　盐酸浸出渣化学分析

项目	Si	Al	Ca	Ti	Fe	Mg	Rh	Cl
含量/%	35.15	11.13	1.48	4.18	2.08	2.64	1.76	3.05

经盐酸浸出后得到最终富集物，由表 5-17 可知，最终富集物主要为 Si、Al、Ca 等，其中铑（Rh）含量为 1.76%，从原料到最终富集物，贵金属铑富集比为 57，回收率为96%。

5.11.7　小结

本节以含铑有机废料为研究对象，系统研究还原过程对指标的影响、磨选和酸浸工艺，得出结论如下[52-53]。

（1）通过还原焙烧工艺研究，含铁量较高的铁精矿对铑捕集效果要优于含铁量较低的菱铁矿捕集效果，实验条件：还原温度为 1200℃，还原时间为 6h，煤粉配比为 9%，添加剂配比为 8%。

（2）通过摇床选矿实现铁粉与脉石分离，确定球磨时间为 45min，摇床选矿采用小冲程、大冲次，摇床选矿主要参数为冲程 11～13mm、冲次 300 次/min、床面坡度 3°～5°，最终得到铁粉品位为 96.22%，铑含量为 103.6g/t。

（3）酸浸实验采用一段硫酸浸出、二段盐酸浸出的实验方案。实验条件：硫酸浓度为 30%，浸出温度为 65℃，浸出时间为 90min，搅拌速度为 250r/min。得到的硫酸浸出渣中铑含量为 6995.9g/t，硫酸浸出液中铑含量低于 0.0005g/L。在盐酸浓度为 25%、浸出时间 3h、铑含量为 1.76%条件下，盐酸浸出液中贵金属含量均小于 0.003g/L，从原料到最终富集物，贵金属铑富集比为 57，回收率为 96%。

5.12　复杂低品位贵金属废料处理

5.12.1　目的及意义

复杂低品位贵金属废料为一种难直接提取贵金属的典型贵金属二次资源，现行的湿法处理难以取得经济效应，需采用预富集再湿法提取的工艺路线。目前，从国内外的研究情况来看，低品位贵金属废料富集技术主要包括火法和湿法技术。火法富集技术是将低品位贵金属二次资源物料添加一定的捕集剂进行高温熔炼，使低品位贵金属富集在一般金属中，再用传统方法加以回收，如等离子熔炼铁捕集[54-55]，电炉熔炼铁捕集[56-60]，电炉熔炼铅、镍、铜捕集[61]，碱熔富集[62]。湿法富集技术分为两类：用酸或其他化学试剂浸出贵金属与载体分离，从溶液中提取贵金属；用酸或碱液浸出载体将稀贵金属富集在渣中，如酸溶[62-72]、碱浸[73]、氰化[74]、生物[75-78]、超临界法[79]、离子交换[80]、碘化法[81]、吸附法[82-85]。火法富集技术多以铁、铜、铅、镍锍作捕集剂，湿法富集技术即将贵金属二次资源物料采用酸浸出，使稀贵金属以离子形式进入溶液，然后从溶液中提取贵金属。这些处理技术均存在技术、经济、环保、成本等问题，因此研究能耗低、经济、高效、环境友好的低品位贵金属二次资源富集技术具有重要意义。作者提出低品位贵金属二次资源原料配入捕集剂铁氧化物、还原剂、添加剂、黏结剂混合并润磨，混匀后制团、还原、磨选、选择性酸浸出铁等工序富集贵金属的工艺路线。该工艺流程简单、原料适应性强、环境友好、对设备要求不高，且磨选获得的含贵金属还原铁粉活性高，容易选择性浸出铁，富集比高，具有潜在的产业化应用前景。

5.12.2　实验原料分析

实验原料来自全国有色企业生产过程中产生的含贵金属烟尘，含硫 3.48%，分析结果见表 5-18。

表 5-18　含贵金属烟尘化学成分

项目	Pt	Pd	Au	Rh	Ru
含量/(g/t)	41.16	12.81	20.95	1.28	5.90

实验捕集剂铁氧化物含铁 57.12%，衍射分析结果见图 5-50，其成分见表 5-19。

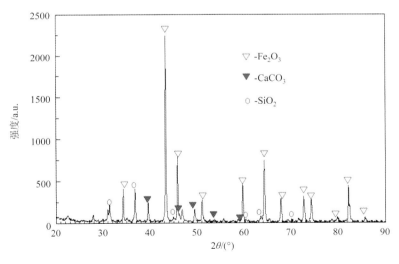

图 5-50　捕集剂铁氧化物的 XRD 图谱

表 5-19　捕集剂化学成分分析

项目	Fe	SiO$_2$	S	Al$_2$O$_3$	MgO	CaO
含量/%	57.42	9.26	0.036	2.15	0.78	1.84

实验涉及的主要设备有 QDJ288-2 型球蛋成型机、粉碎机（LMZ120 型连续进料式震动磨矿机）、湿法球磨设备（XMQ-Φ240×90，功率 0.55kW）、高温电阻炉（型号为 SSX2-12-16，功率 12kW，额定温度 1600℃）、XCRS-Φ400×240 电磁湿法多用鼓形弱磁选机。

试剂：工业级羧甲基纤维素钠、分析纯硫酸、分析纯次氯酸钠、含固定碳 85%的焦粉。

5.12.3　实验原理及流程

1. 实验原理

在 1150~1250℃还原过程中，贵金属先于铁还原出来，铁氧化物后还原出来处于微溶状态，微量贵金属进入铁金属相中实现捕集，并在催化剂作用下铁晶粒聚集和长大，形成适合后续磨选的铁晶粒，经磨选获得含贵金属合金粉末。经稀酸选择性浸出铁，得到贵金属富集物。

2. 实验方法

将低品位贵金属烟尘与捕集剂、还原剂、添加剂和黏结剂按一定比例混合并润磨，然后采用球蛋成型机制成球团，烘干后置于还原炉中进行还原。对还原产物进行磨选，获得含贵金属铁合金粉末。磨选目的是使还原产物经球磨、磁选，实现含贵金属合金粉末与脉石分离，便于后续溶酸。采用稀酸选择性浸出含贵金属合金粉末的铁，浸出结束后，经过滤、洗涤和烘干，获得贵金属富集物。溶酸的目的是使含贵金属合金粉末被选择性溶解，实现贵金属富集。本研究所采用的工艺流程如图 5-51 所示。

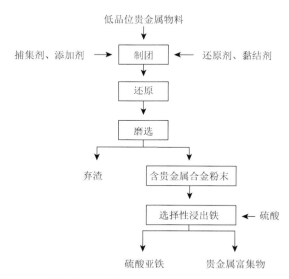

图 5-51　低品位贵金属烟尘中高效富集贵金属工艺流程图

3. 实验过程

还原在高温还原炉中进行，其目的是加入的铁捕集剂在还原过程中生成金属铁晶粒并捕集贵金属，形成含贵金属铁晶粒。称取含贵金属烟尘 600g，铁矿配比为烟尘重量的 50%，还原剂（含固定碳 82.19%）配比为烟尘重量的 5%，添加剂配比为烟尘重量的 5%，采用三维混料机混匀，加入黏结剂（羧甲基纤维素 0.05%）润磨，采用球蛋成型机制成 25mm×25mm×20mm 球形，烘干，在高温电阻炉中进行还原，通氮气保护，还原温度 1200℃，还原时间 2h，还原结束后采用水冷，避免二次氧化。经 90℃干燥，得到 1005.5g 还原产物，测定还原产物的金属化率。在确定的还原条件下，还原产物的金属化率 94.18%，还原产物中贵金属含量为：Pt19.8g/t，Pd6.0g/t，Rh 0.80g/t，Au10.3g/t，Ru 3.94g/t。

5.12.4　实验结果

实验条件：称取还原产物 900g，控制磨矿浓度为 50%，球磨时间 1.0h，采用湿式强磁选机进行磁选，磁选强度 1500Oe，获得含贵金属合金粉末和磨选尾渣。贵金属总含量为 165.0g，其中，Pt 134.7g/t，Pd 37.3g/t，Rh 5.2g/t，Au 66.7g/t，Ru 25.8g/t。磨选尾渣 767.6g，其贵金属含量为：Pt 0.6g/t，Pd 0.4g/t，Rh 0.1g/t，Au 0.5g/t，Ru 0.3g/t。磨选尾渣稀贵金属总含量 1.5g/t，说明从还原到磨选工序的贵金属收率高。采用 XRD 对含贵金属合金粉末进行表征，结果见图 5-52。从图 5-52 可以看出，主要物相为金属铁相，含有少量的碳粉和硫化亚铁，主要原因是还原过程中为还原气氛，原料中的硫与铁生成硫化亚铁。

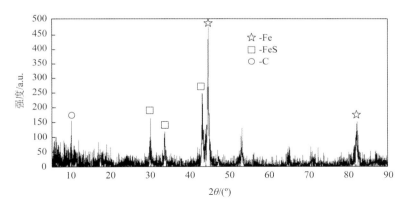

图 5-52　含贵金属合金粉末的 XRD 图谱

实验条件为：浸出时间 4h、浸出温度 90℃、液固比 6∶1、搅拌速度 250r/min、硫酸浓度 30%，经过滤和洗涤，获得贵金属富集物。富集物含贵金属总量为 11922g/t，其中，Pt6027g/t、Pd1831g/t、Rh170g/t、Au3011g/t、Ru 883g/t。从原料到酸溶，贵金属的富集比约 145.21，直收率 99.2%，浸出液中铂、钯、铑和金含量均小于 0.0008g/L，贵金属没有分散。采用 XRD 对富集物进行表征，结果见图 5-53。从图 5-53 可以看出，主要物相为硫化铁、二氧化硅和碳粉。

为进一步提高贵金属的富集比，实验采用加硫酸和过氧化氢氧化浸出，若采用盐酸和过氧化氢或盐酸和氯酸钠氧化浸出会产生氯气，溶解贵金属，污染环境，造成贵金属分散。浸出条件为：浸出时间 2h、浸出温度 90℃、液固比 6∶1、搅拌速度 250r/min、硫酸浓度 30%、过氧化氢用量为富集物重量的 2 倍，经过滤和洗涤，获得贵金属富集物，

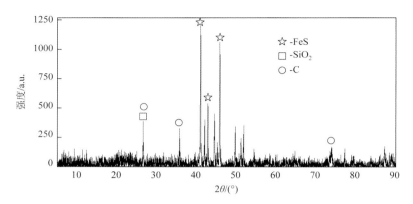

图 5-53　含贵金属合金粉末的 XRD 图谱

含贵金属总量为 28925g/t。其中，Pt14697g/t、Pd4529g/t、Rh380g/t、Au7085g/t、Ru 2234g/t。从原料到酸溶，贵金属的富集比约 352.31，直收率为 98.8%，浸出液中铂、钯、铑和金含量均小于 0.0006g/L，贵金属没有分散。

针对汽车失效催化剂经酸溶解提取大量贵金属后的残渣进行实验，残渣含 Pt28.4.0g/t、Pd105.2g/t。实验条件：铁矿配比为低品位贵金属废料的 50%，还原剂配比为低品位贵金属废料的 5%，添加剂为低品位贵金属废料的 5%，制成 25mm×25mm×20mm 球团，还原温度为 1200℃，还原时间为 2h，磁选强度为 1500Oe，浸出时间为 4h，浸出温度为 90℃，液固比为 6∶1，搅拌速度为 250r/min，硫酸浓度为 30%。获得富集物中贵金属总含量为 20583.9g/t。其中，Pt4260.5g/t，Pd16323.4g/t，富集比约 154，直收率超过 99.1%。

对国内某有色企业产生的低品位贵金属废料进行实验，废料贵金属总含量 361.4g/t，其中，Pt66.4g/t，Pd97.2g/t，Rh6.9g/t，Au22.4g/t，Ru168.5g/t。实验条件：铁矿配比为低品位贵金属废料的 50%，还原剂配比为低品位贵金属废料的 5%，添加剂为低品位贵金属废料的 5%，制成 25mm×25mm×20mm 球团，还原温度为 1200℃，还原时间为 2h，磁选强度 1500Oe，浸出时间为 4h，浸出温度为 90℃，液固比为 6∶1，搅拌速度为 250r/min，硫酸浓度为 30%。获得富集物中贵金属总含量为 57824.7g/t，其中，Pt10491.1g/t、Pd15649.2g/t、Rh1117.8g/t、Au3494.4g/t、Ru 27072.2g/t，富集比约 160，直收率 99.2%，滤液中贵金属含量小于 0.0005g/L，贵金属无分散。

针对铑含量为 0.8g/L 的有机铑废液，采用每升废液加含铁 25% 的低品位铁矿 1000g，石灰石 250g，煤粉 15g，混匀并制成球团烘干，在 1200℃还原 8h，经磨选获得含铑还原铁粉，含铑 4215g/t。采用浓度为 25% 的稀硫酸加热选择性溶解铁，获得含铑富集物，其含铑 18942g/t，收率为 86.48%，为有机铑废液利用提供了一种新方法。

低品位贵金属二次资源原料与铁氧化物、还原剂、添加剂、黏结剂混合并润磨，混匀后制团，在还原气氛中还原，对还原产物进行磨选，获得含贵金属合金粉末，选择性酸浸出含贵金属合金粉末中铁，经过滤和洗涤，获得贵金属富集物，得到的结论如下。

（1）实验结果表明，提出的工艺路线是可行的。

（2）在确定的工艺制度下，还原过程中铁能高效捕集稀贵金属，经磨选获得含贵金属合金粉末，酸溶性好，酸溶后贵金属的富集比高，具有潜在的产业化应用前景。

（3）采用本书提出的技术路线处理其他物料，贵金属富集比高，不失为一种贵金属的富集共性技术。

5.13　本　章　小　结

本章主要介绍了还原-磨选新技术富集贵金属二次资源的应用，包括复杂贵金属物料、含铑失效催化剂等，得到了处理技术工艺参数。

参 考 文 献

[1] 姚玉田，杨立，郭邻生. 贵金属冶金学[M]. 沈阳：东北大学出版社，1993.

[2] 王永录，刘正华. 金、银及铂族金属再生回收[M]. 长沙：中南大学出版社，2005.

[3] 中国冶金百科全书总编辑委员会《金属材料卷》编辑委员会. 中国冶金百科全书·金属材料[M]. 北京：冶金工业出版社，2001.

[4] 张凤霞，程佑法，张志刚，等. 二次资源贵金属回收及检测方法进展[J]. 黄金科学技术，2010，18（4）：75-79.

[5] 胡志鹏. 我国贵金属废料回收产业发展综述[J]. 有色设备，2005（3）41-43.

[6] 陈艳，胡显智. 电子废料中贵金属的回收利用方法[J]. 中国矿业，2006，15（12）：101-103.

[7] Boghe D. Scrap electronic：A growing resource[J]. Precious Metals，2001（7）：21-24.

[8] Brandl H，Bosshard R，Wegmann M. Computer munching microbes：Metal leaching from electronic scrap by bacteria and Fungi[J]. Hydrometallurgy，2001，59（2-3）：319-326.

[9] 向磊. 我国贵金属回收产业发展综述[J]. 世界有色金属，2007（6）：29-31.

[10] Xia J S，Ghahreman A. Platinum group metals recycling from spent automotive catalysts：metallurgical extraction and recovery technologies [J]. Separation and Purification Technology，2023，311：1-13.

[11] Chen J，Huang K. A new technique for extraction of platinum group metals by pressure cyanidation [J]. Hydrometallurgy，2006，82（3-4）：164-171.

[12] 薛虎，董海刚，赵家春，等. 从失效汽车尾气催化剂中回收铂族金属研究进展[J]. 贵金属，2019，40（3）：76-83.

[13] 丁龙，杨建广，闫万鹏，等. 从堇青石型失效汽车尾气催化剂中富集铂族金属试验研究[J]. 湿法冶金，2018，37（5）：376-383.

[14] Maruyama T，Terashima Y，Takeda S，et al. Selective adsorption and recovery of precious metal ions using protein-rich biomass as efficient adsorbents[J]. Process Biochemistry，2014，49（5）：850-857.

[15] 山田耕司，获野正彦，江泽信泰，等. 回收铂族元素的方法和装置：中国，CN1675385A[P]. 2005-09-28.

[16] Kinas S，Bartkowiak D J，Pohl P，et al. On the path of recovering platinum group metals and rhenium：A review on the recent advances in secondary-source and waste materials processing[J]. Hydrometallurgy，2024，223：106222.

[17] 刘时杰. 铂族金属矿冶学[M]. 北京：冶金工业出版社，2001.

[18] 黄焜，陈景. 从失效汽车尾气净化催化转化器中回收铂族金属的研究进展[J]. 有色金属，2004（1）：70-77.

[19] 金和玉. 从电子废料中回收贵金属[J]. 金属再生，1991（4）：20-22.

[20] 范兴祥，吴跃东，董海刚，等. 一种从低品位贵金属物料中富集贵金属的方法：中国，CN102534244A[P]. 2012-07-04.

[21] de Sá Pinheiro A A，de Lima T S，Campos P C，et al. Recovery of platinum from spent catalysts in a fluoride-containing medium[J]. Hydrometallurgy，2004，74（1）：77-84.

[22] Xia J S，Ghahreman A. Platinum group metals recycling from spent automotive catalysts：metallurgical extraction and recovery technologies[J]. Separation and Purification Technology，2023，311：123357.

[23] Barakat M A，Mahmoud M H H. Recovery of platinum from spent catalyst[J]. Hydrometallurgy，2004，72（3）：179-184.

[24] 杨志平，唐宝彬，陈亮. 常温柱浸法从废催化剂中回收钯[J]. 湿法冶金，2006，25（1）：36-38.

[25] 黄昆，陈景，陈奕然，等. 加压碱浸处理氰化浸出法回收汽车废催化剂中的贵金属[J]. 中国有色金属学报，2006，

16（2）：363-369.

[26] 李耀威, 戚锡堆. 废汽车催化剂中铂族金属的浸出研究[J]. 华南师范大学学报, 2008, 53（2）：84-87.

[27] 张方宇, 李庸华. 从废催化剂中回收铂的工艺研究[J]. 中国物资再生, 1993（6）：13-15.

[28] 金慧华, 王艳红. 从废催化剂中回收钯[J]. 有色矿冶, 1997（3）：51-53.

[29] 张正红. 废催化剂中钯的分离与提纯[J]. 矿冶, 2002, 11（3）：60-62.

[30] 潘路, 古国榜. 合成亚砜 MSO 萃取分离钯与铂的性能[J]. 湿法冶金, 2004, 23（3）：144-146.

[31] 陈剑波, 古国榜. 新型硫醚萃取剂萃取分离钯、铂的性能[J]. 矿冶工程, 2006, 26（1）：61-64.

[32] Zakusilova V, Zante G, Tereshatov E, et al. Extraction and separation of iridium（Ⅳ）and rhodium（Ⅲ）from hydrochloric acid media by a quaternary ammonium-based hydrophobic eutectic solvent[J]. Separation and Purification Technology, 2021, 278：118814.

[33] 陈淑群, 郑小萍, 容庆新. 用苯基硫脲-磷酸三丁酯体系连续萃取分离钯（Ⅱ）、铂（Ⅳ）、铑（Ⅲ）[J]. 分析化学, 1997, 25（6）：667-670.

[34] 闫英桃, 刘建, 谢华. D001 树脂对酸性硫脲溶液中金银的交换性能研究[J]. 离子交换与吸附, 1998, 14（1）：53-58.

[35] 甘树才, 来雅文, 段太成, 等. DT-1016 型阴离子交换树脂分离富集金铂钯[J]. 岩矿测试, 2002, 21（2）：113-116.

[36] 鲍长利, 赵淑杰, 刘广民, 等. 对磺基苯偶氮变色酸螯合形成树脂分离富集微量铂和钯[J]. 分析化学, 2002, 30（2）：198-201.

[37] 李飞, 鲍长利, 张建会. 贵金属吸附预富集的新进展[J]. 冶金分析, 2008, 28（10）：43-48.

[38] 郭淑仙, 胡汉, 朱云. 改性活性炭吸附铂和钯的研究[J]. 贵金属, 2002, 23（2）：11-15.

[39] 曾戎, 岳中仁, 曾汉民. 活性炭纤维对贵金属的吸附[J]. 材料研究学报, 1998, 12（2）：203-206.

[40] Atia A A. Adsorption of silver（Ⅰ）and gold（Ⅲ）on resins derived from bisthiourea and application to retrieval of silver ions from processed photo films[J]. Hydrometallurgy, 2005, 80（1）：98-106.

[41] Fujiwara K, Ramesh A, Maki T, et al. Adsorption of platinum（Ⅳ）, palladium（Ⅱ）and gold（Ⅲ）from aqueous solutions onto L-lysine modified crosslinked chitosan resin[J]. Journal of Hazardous Materials, 2007, 146（1）：39-50.

[42] 莫启武. 液膜法在贵金属分离富集中的应用[J]. 贵金属, 1996, 17（2）：46-49.

[43] 何鼎胜. 支撑液膜提取钯[J]. 膜科学与技术, 1989, 9（4）：44-47.

[44] 金美芳, 温铁军, 林立, 等. 乳化液膜提金的研究：氰化浸出贵液中提金及回收氰化钠的工艺研究[J]. 水处理技术, 1992, 18（6）：374-382.

[45] 傅崇说. 有色冶金原理[M]. 北京：冶金工业出版社, 1993.

[46] 杨春吉, 王桂芝, 李玉龙, 等. 一种从羰基合成反应废铑催化剂中回收铑的方法：中国, CN1414125[P]. 2003.

[47] 白中育, 顾宝龙, 金美荣. 粗铑及含铑量高的合金废料的溶解与提纯：中国, CN87105623[P]. 1989.

[48] 朱永善. 玻纤漏板中 PtRhAu 合金废料的提纯[J]. 贵金属, 1983, 4（3）：24.

[49] 李继霞, 于海斌, 李晨, 等. 丙烯低压羰基合成用废铑催化剂中回收铑及三氯化铑提纯[J]. 贵金属, 2011（02）：47-51..

[50] 李晨, 蒋凌云, 于海斌. 丁辛醇工业装置废铑催化剂回收技术综述[J]. 广州化工, 2013, 41（11）：63-64..

[51] Nikoloski A N, Ang K L, Li D. Recovery of platinum, palladium and rhodium from acidic chloride leach solution using ion exchange resins[J]. Hydrometallurgy, 2015, 152：20-32.

[52] 范兴祥, 董海刚, 付光强, 等. 一种从含铑有机废催化剂中富集铑的方法：中国, 201210308143. X[P]. 2012.

[53] 付光强, 范兴祥, 董海刚, 等. 从失效有机铑催化剂中富集铑的新工艺研究[J]. 稀有金属材料与工程, 2014, 43（6）：1423-1426.

[54] Chiang K C, Chen K L, Chen C Y, et al. Recovery of spent alumina-supported platinum catalyst and reduction of platinum oxide via plasma sintering technique[J]. Journal of the Taiwan Institute of Chemical Engineers, 2011, 42（1）：158-165.

[55] Bousa M, Kurilla P, Vesely F. PGM catalysts treatment in plasma heated reactors, IPM I 32th International Precious Metals Conference, USA, 2008.

[56] 吴晓峰, 汪云华, 童伟锋. 湿-火联合法从汽车尾气失效催化剂中提取铂族金属新工艺研究[J]. 贵金属, 2010, 31（4）：24-28.

[57] 吴晓峰，汪云华，范兴祥，等. 贵金属提取冶金技术现状及发展趋势[J]. 贵金属，2007，28（4）：63-68.

[58] 汪云华，吴晓峰，童伟锋. 铂族金属催化剂回收技术及发展动态[J]. 贵金属，2011，32（1）：76-81.

[59] 汪云华，吴晓峰，童伟锋，等. 矿相重构从汽车催化剂中提取铂钯铑的方法：中国，200910094112. 7[P]. 2009.

[60] 吴晓峰，汪云华，童伟锋，等. 湿-火联合法从汽车催化剂中提取贵金属的方法：中国，200910094317. 5[P]. 2009.

[61] 陈景. 火法冶金中贱金属及锍捕集贵金属原理的讨论[J]. 中国工程科学，2007，9（5）：11-16.

[62] Karim S，Ting Y P. Recycling pathways for platinum group metals from spent automotive catalyst：A review on conventional approaches and bio-processes[J]. Resources，Conservation and Recycling，2021，170：105588.

[63] Park Y J，Fray D J. Recovery of high purity precious metals from printed circuit boards[J]. Journal of Hazardous Materials，2009，164（2/3）：1152-1158.

[64] Lu W J，Lu Y M，Liu F，et al. Extraction of gold（Ⅲ）from hydrochloric acid solutions by CTAB/n-heptane/iso-amyl alcohol/Na_2SO_3 microemulsion[J]. Journal of Hazardous Materials，2011，186（2/3）：2166-2170.

[65] Parajuli D，Inoue K，Kawakita H，et al. Recovery of precious metals using lignophenol compounds[J]. Minerals Engineering，2008，21（1）：61-64.

[66] Kononova O N，Leyman T A，Melnikov A M，et al. Ion exchange recovery of platinum from chloride solutions[J]. Hydrometallurgy，2010，100（3-4）：161-167.

[67] Ding Y J，Zheng H D，Zhang S G，et al. Highly efficient recovery of platinum，palladium，and rhodium from spent automotive catalysts via iron melting collection[J]. Resources，Conservation and Recycling，2020，155：104644.

[68] Baghalha M，Khosravian Gh H，Mortaheb H R. Kinetics of platinum extraction from spent reforming catalysts in aqua-regia solutions[J]. Hydrometallurgy，2009，95（3-4）：247-253.

[69] Reddy B R，Raju B，Lee J Y，et al. Process for the separation and recovery of palladium and platinum from spent automobile catalyst leach liquor using LIX 84I and Alamine 336[J]. Journal of Hazardous Materials，2010，180（1-3）：253-258.

[70] Chand R，Watari T，Inoue K，et al. Selective adsorption of precious metals from hydrochloric acid solutions using porous carbon prepared from barley straw and rice husk[J]. Minerals Engineering，2009，22（15）：1277-1282.

[71] Marinho R S，da Silva C N，Afonso J C，et al. Recovery of platinum，tin and indium from spent catalysts in chloride medium using strong basic anion exchange resins[J]. Journal of Hazardous Materials，2011，192（3）：1155-1160.

[72] Marinho R S，Afonso J C，da Cunha J W S D. Recovery of platinum from spent catalysts by liquid-liquid extraction in chloride medium[J]. Journal of Hazardous Materials，2010，179（1-3）：488-494.

[73] Bratskaya S Y，Volk A S，Ivano V V V，et al. A new approach to precious metals recovery from brown coals：Correlation of recovery efficacy with the mechanism of metal-humic interactions[J]. Geochimica et Cosmochimica Acta，2009，73（9）：3301-3310.

[74] Parga J R，Valenzuela J L，Francisco C T. Pressure Cyanide Leaching for precious metals recovery[J]. JOM，2007，59（10）：43-47.

[75] Xiong Y，Adhikari C R，Kawakita H，et al. Selective recovery of precious metals by persimmon waste chemically modified with dimethylamine[J]. Bioresource Technology，2009，100（18）：4083-4089.

[76] Murray A J，Zhu J，Wood J，et al. A novel biorefinery：Biorecovery of precious metals from spent automotive catalyst leachates into new catalysts effective in metal reduction and in the hydrogenation of 2-pentyne[J]. Minerals Engineering，2017，113：102-108.

[77] Macaskie L E，Creamer N J，Essa A M M，et al. A new approach for the recovery of precious metals from solution and from leachates derived from electronic scrap[J]. Biotechnology and Bioengineering，2007，96（4）：631-639.

[78] Murray A J，Mikheenko I P，Goralska E，et al. Biorecovery of Platinum Group Metals from Secondary Sources[J]. Advanced Materials Research，2007（20-21）：651-654.

[79] Iwao S，El-Fatah S A，Furukawa K，et al. Recovery of palladium from spent catalyst with supercritical CO_2 and chelating agent[J]. The Journal of Supercritical Fluids，2007，42（2）：200-204.

[80]　Lam Y L. Yang D，Chan C Y，et al. Use of water-compatible polystyrene-polyglycidol resins for the separation and recovery of dissolved precious metal salts[J]. Industrial & Engineering Chemistry Research，2009，48（10）：4975-4979.

[81]　Dawson R J，Kelsall G H. Recovery of platinum group metals from secondary materials. I. Palladium dissolution in iodide solutions[J]. Journal of Applied Electrochemistry，2007，37（1）：3-14.

[82]　Chang Z Y，Zeng L，Sun C B，et al. Adsorptive recovery of precious metals from aqueous solution using nanomaterials：A critical review [J]. Coordination Chemistry Reviews，2021，445：1-19.

[83]　Syed S. Recovery of gold from secondary sources：A review[J]. Hydrometallurgy，2012（115-116）：30-51.

[84]　Won S W，Kotte P，Wei W，et al. Biosorbents for recovery of precious metals[J]. Bioresource Technology，2014，160：203-212.

[85]　Das N. Recovery of precious metals through biosorption：A review[J]. Hydrometallurgy，2010，103（1-4）：180-189.